金谷園圖
己亥庚子潘洋寫金谷園圖

# 故园画境

## 基于文本分析和画意建构的传统园林空间复原

潜洋◎著

中国建筑工业出版社

浮红渡

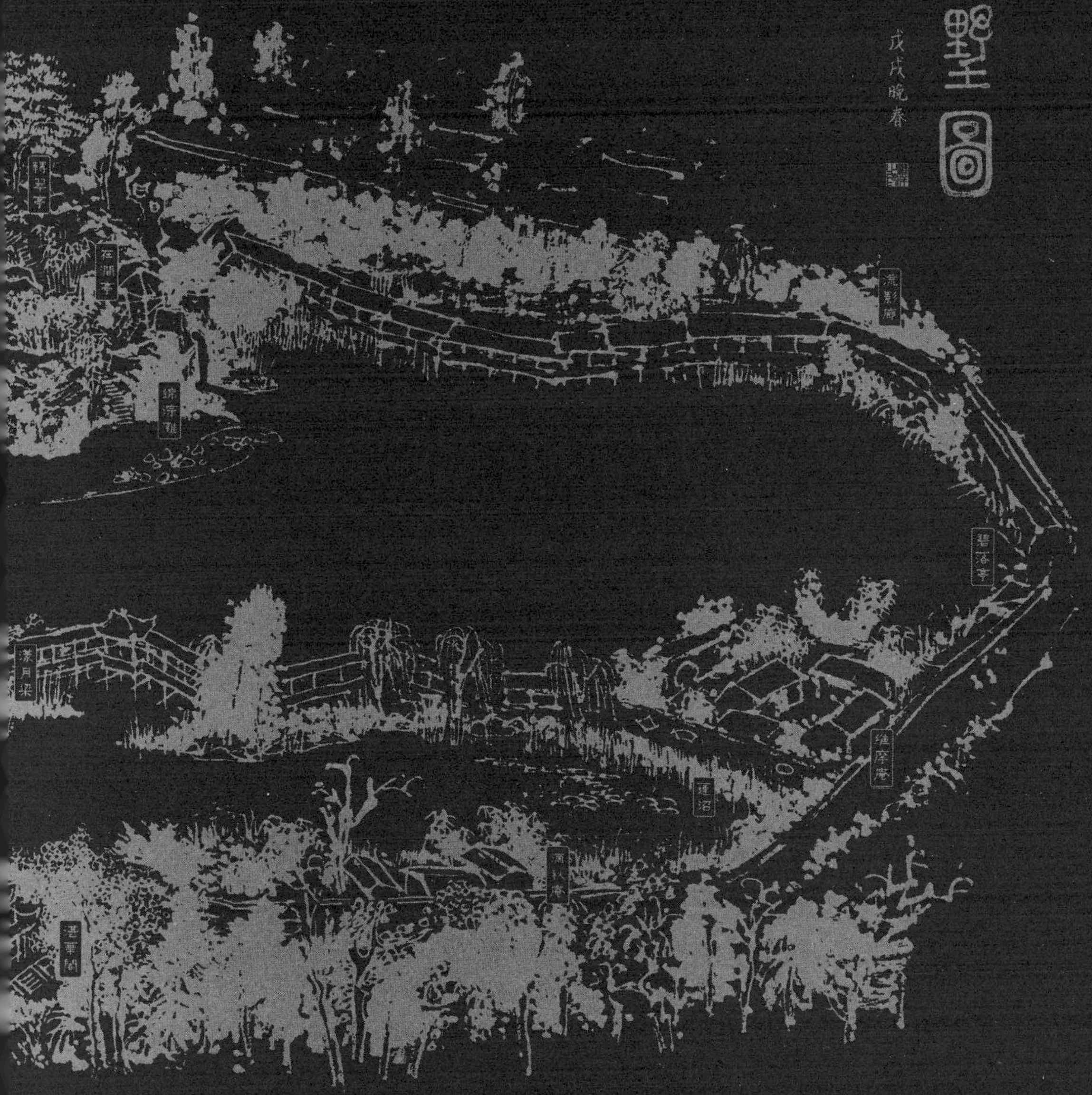
戊戌晚春
流影廊
碧落亭
漾月梁
维摩庵
莲沼

# 目录

## 第一章 ◈ 引言…001



## 第二章 ◈ 洛阳金谷园…015

## 第三章 ◈ 苏州太仓乐郊园…073



## 第四章 ◈ 苏州紫芝园…091

## 第五章 ◈ 吴郡甫里梅花墅 … 103



## 第六章 ◈ 尾声 … 125

# 第一章 引言

# 第一节 古园图景复原之缘起

园林是中国古代文人难以割舍的热爱——或安放隐逸的理想，或追求艺术与情趣，或享受惬意的生活，或疏解疲惫的精神，或安抚见放的彷徨，或寄托对前朝的哀思……“简文之贵也，则华林；季伦之富也，则金谷；仲子之贫也，则止于陵片畦”[1]——无论贫富，中国文人常将园林作为生活乐园和精神家园，若是连片畦也不能拥有时，也可造一盆湖，置一砚山，藏一袖峰，或是描述一座心中的“乌有园”——这大概就是中国古代文人对园居生活的执着心了。

中国私家园林中的大多数只是兴盛一时，能在一个家族中保有几代者已属罕见。历史上的名园常常随着主人家族的衰败而迅速倾颓，或是分售多家而支离破碎，或是易主更名而面貌大变，或是在兵燹中毁于一旦，或是舍为寺庵维持艰难。这些被中国文人视为瑰宝的园林，常常不过兴盛几年到几十年，其湮灭实为可惜，若留下可供追忆的文字与图画，便弥足珍贵。

造园步骤常如清钱泳《履园丛话》中所说，先平基址，再绘屋样图说，制作烫样，又经商讨，方开料动工。这个过程中的“屋样图说”是园林建筑图纸，而不是对园林整体景观的设计图。

文人园林的建造常是画家、诗人和匠人合作的结果。他们有时会预先绘制园林图纸。所以，计成说：“凡匠作，止能式屋列图，式地图者鲜矣；夫地图者，主匠之合见也。”[2]造园者先要考察基地，因地制宜，绘制粉本；建造过程中又要胸中有丘壑，调整局部搭配，控制大局气势。《梅村家藏稿》记明末清初掇山家张南垣造园：“经营粉本，高下浓淡，早有成法；初立土山，树石未添，岩壑已具，随皴随改，烟云渲染，补入无痕；即一花一竹，疏密欹斜，妙得俯仰。山未成，先思著屋，屋未就，又思其中之所施设，窗棂几榻，不事雕饰，雅合自然。”[3]可惜这种作为造园方案的地图或粉本罕有流传。

有关园林图像资料，遗存者多为以建成园林为题材的画作。其中，有画家对园林的写生画作，如明文徵明为王献臣作《拙政园图咏》，钱穀为张凤翼作《求志园图》，又如沈士充为王时敏乐郊园作《郊园十二景》图册[4]；有后人对写生画作的临摹作品，如五代郭忠恕临《辋川图》；当园林真迹已灭而又无当时图画存留时，也有画家根据遗留的相关文字或传说进行的怀古绘画创作，如明仇英《金古园图卷》、明文徵明《辋川别业图卷》等。要领略那些消失的园林的风采，其兴盛时期的写生画作显

[1] （明）计成，园冶注释［M］. 陈植注释. 北京：中国建筑工业出版社，1988：37.

[2] （明）计成，园冶注释［M］. 陈植注释. 北京：中国建筑工业出版社，1988：98.

[3] （明末清初）吴伟业. 梅村家藏稿・张南垣传［M］. 上海：涵芬楼，具体年代不详（1911—1949）：稿九卷五十二.

[4] 沈士充《郊园十二景》图册的创作时间为乙丑年，即1625年，处于园主对乐郊园反复修改和推敲期间。所以，也有学者认为《郊园十二景》带有一定园林设计图的性质，但沈士充于最后一幅上面款曰：“乙丑春仲沈士充为烟客先生写郊园十二景”，而没有任何关于为园林创意的描述。同时，园主王时敏留下的文字中，也从未提及沈世充参与园林设计。因此，《郊园十二景图》更可能是写生作品。

然是最有价值的资料，对这些写生画作的临摹作品也具有较高价值。而后辈的怀古画作，常有未经仔细考据者，其参考价值也较低。

另一种对再现园林极有价值的资料，是园主撰写或委托他人撰写的《园记》，以及文人墨客留下的园林诗赋、楹联、匾额。园林主人的墓志铭、行状、地方志等资料，对于了解古园面貌及相关背景也有较大帮助。

当曾经的名园只留下文字线索，人们便凭想象领略其风采。这些文字的魅力在于，模糊之中已使人感受到园林的精神气质，仔细研读下，画面感也愈发鲜明，景物次第浮现，如同卧游，使人萌生探究园林全貌的愿望。特别是一些《园记》是依游览顺序而写就，能将园林山池结构和建筑布局比较完整地呈现，为实现园林的图景复原提供了极大可能。随着历史的变迁，很多颓败的古园旧址早已被迅速扩张的城市“踩在脚下”，失去了原址考察和被修复的机会。笔者依据文献资料，对古园进行研究和图景复原，以期将其曾经的景象和主人的园居生活稍作呈现。

不同于绘画作品完成后的静态，园林在其存续期间一直处于变化之中：园林在岁月流逝中带给人记忆的厚度，也在四季轮回中见证自然的演替；园林在主人家族的兴衰和时局的动荡中兴盛或荒芜，也可能因为易主而面貌大改。园林在时间维度上有丰富的内涵，也有更复杂的社会的和政治的外延。园林演变过程的样貌常常可以从一些笔记、诗歌、地方志、考古学报告等文献资料中找到线索。笔者所做的图景复原，是在园林的时间维度里攫取一个片段，主要针对园林曾经的兴盛时期。

不同于图解，图景复原也是对园内的园居生活场景的描绘以及对造园者创作意向的表达。笔者非常认同童明先生提出的“反图解的立场”：“园林的整体性……既体现于具体的园林事物之中，也体现于抽象的思想观念之中……有关园林的构成，所涉及的不仅仅在于它的构成要素，而且也在于它的构成意向；一旦我们论及某个园林场景的特定景象与本质时，就能体会到一种极为特殊的整体性关系。”[1]因此，园林图景复原包含了图像、文字、历史背景、人物关系、事件等多种内涵。

相对于平面示意图复原、平面图复原、模型复原和实地复建，园林图景复原更容易包容上述复杂交错的诸多内涵。平面示意图复原，在追求逻辑性的同时，几乎舍弃了园林作为历史、文化和艺术的其他特性。平面图复原，能准确表达园林的平面布局和尺度，在一定程度上表达园林的二维和三维结构关系，以及体现园林景观的部分艺术性；但是，绘制平面图依赖于全面而准确的尺度信息——这样的尺度信息可能来源于基址勘查或文献资料，但许多湮灭的园林无基址可查，而且文献也不能提供足够的数据资料，这时如果“强行”以平面图的形式表达园林，就不得不加入过多的主观猜测，而使得复原缺乏严谨性。园林模型，无论是数字模型还是手工模型，都对细节有较高的要求，对于那些有大量图稿存世的园林来说，是一种理想的复原表达手法；但多数情况下，文献资料留下的线索并没有细节描述，或者没有清楚的细节描述，这时模型表达就不适用。实地复建的方式，除了依赖于资料的详尽程度和大量资金及人力的投入，更受限于周边环境沧海桑田的巨大变化——中国古典园林所呈现的面貌常

[1] 童明．建筑学视角下的江南园林构成：一种反图解的立场［J］．时代建筑，2018（4）：14-19.

与周边环境密切相关，而昔日的周边环境如今很难满足。图景式复原，以中国传统水墨为绘画形式，通常用水墨鸟瞰图表达园林的整体性、空间结构、景物关系，用平视（小场景）图表现园居生活场景。其中，水墨鸟瞰图以绘画特有的详略处理手法，掌控着严谨表述、适当推测与模糊细节三者的关系；小场景图则具有较大的想象成分，重点不是严谨表达园林建筑和景观，而是表现园林的空间意向或历史文化内涵。

## 第二节 文字描述的模糊性与水墨的适度表达

在园景的表现方式上，笔者选择传统水墨，主要基于以下三个原因：

第一，中国传统山水画与传统园林有密切的联系。传统山水常以园林或园居生活作为题材；造园也常取法笔意，山水画从自然中所提炼和表达的理想意境，往往成为造园者的追求；山水画与园林隐含了相似的社会心理动因，并在一定程度上表达了相似的审美取向。水墨是中国传统绘画手法之一，始于唐，成于五代，盛于宋元，是宋代以后文人绘画中占有主要地位的画法，在山水题材方面极富表现力。

第二，在对古代园林个案的研究中，园记常是最为重要的文字文献。而记录较详尽的园记，常常是按游园路线或布局方位描述景物。传统山水画散点透视的观察方式与园记的叙述方式是一致的，带给观者身临其境的赏园乐趣。

第三，描述园林的文字文献，多数不着力于建筑细部，对建筑尺度的描述也常粗略概括。传统水墨恰有很强的概括性和一定的模糊性。其概括性，是对典型的提炼，也是形态和精神的统一；其模糊性，是似有似无，是对未知留有余地，以未尽引人想象。这种突出整体又对细节留有余地的表达方式，使基于文字的古园图景复原所达到的清晰程度恰到好处，以图景的模糊性回应了文字的模糊性。

## 第三节 山水画和园林的『近』与『远』

中国传统山水画和文人园林所取得的巨大成就，显然与文人士大夫阶层对自然山水普遍的钟爱密不可分。这种钟爱，除了来自人类本身对自然与生俱来的亲近，也来自儒家山水比德的审美追求和道家返璞归真、隐逸山林的人生追求（秦汉以前的隐士多远遁深山）。山水画与文人园林有异曲同工之处——唤起人对不可即达之处的神游，满足人欲在安逸中与自然常伴的痴念。

中国传统造园与绘画都取材于自然，经人类的情感和思想改造与创新而实现。只是相较于园林，山水画的创作更少受到财力、人力、物力的限制，从而能更充分地表现画家所热爱的钟灵毓秀，更自由地展现画家的内心世界。南朝著名画家宗炳[1]在《画山水序》中写道："万趣融其神思……畅神而已"[2]；五代著名山水画家荆浩[3]在《笔法记》中写道："嗜欲者，生之贼也；名贤纵乐琴书图画，代去杂欲"[4]——这些都是主张山水画作为一种摆脱名利杂念的自我修行方式，认为画品即心性的透露。北宋著名书画鉴赏家和画史评论家郭若虚[5]说："人品既已高矣，气韵不得不高，气韵既已高矣，生动不得不至，所谓神之又神而能精焉"[6]，认为人品与画品有直接的关系。唐代书画家张璪所说"外师造化，中得心源"[7]，即中国绘画创作的途径、态度和基本理念。北宋著名院体画家、绘画理论家郭熙曾议论"君子"热爱山水画的原因："君亲之心两隆，苟洁一身，出处节义斯系，岂仁人高蹈远引，为离世绝俗之行……然则林泉之志，烟霞之侣，梦寐在焉，耳目断绝，今得妙手，郁然出之，不下堂筵，坐穷泉壑，猿声鸟啼，依约在耳，山光水色，滉漾夺目，斯岂不快人意，实获我心哉！"[8]（《林泉高致·山水训》）

人们对于园林山水的喜爱也出自类似的原因，即：园林除了为园主人维系舒适的小环境外，也以集萃于园中的人工模拟自然景象，唤起对难得触及的真山水的鲜活回忆或想象，聊以慰藉受世俗羁绊者的林泉之志。

出于这样的目的，绘画选景和园林造景就有了一定的选择性。

郭熙认为"世之笃论，谓山水有可行者，有可望者，有可游者，有可居者；画凡至此，皆入妙品；但可行可望不如可居可游之为得，何者？观今山川，地占数百里，可游可居之处十无三四，而必取可居可游

[1] 宗炳，（公元375年～公元443年），出身东晋士族，南朝宋著名画家及隐士，山水画理论家，庐山东林寺十八高贤之一。宗炳擅长书画与音乐，著《山水画序》《明佛论》，有《嵇中散白画》《孔子弟子像》《永嘉邑屋图》《周礼图》《惠特师像》《狮子击象图》等画作传世。

[2]（晋）宗炳．画山水序［M］//（明）王世贞．王氏画苑．北京：北京大学图书馆藏明刻本．万历庚寅岁夏五月王氏淮南书院重刊．1590.

[3] 荆浩，字浩然，号洪谷子，五代后梁著名山水画家及隐士。荆浩唐末时曾任小官，五代后隐居太行山洪谷。荆浩师从张璪，后被尊为北方山水画之祖，著《笔法记》，有《匡庐图》《雪景山水图》传世。

[4]（唐～五代）荆浩．笔法记［M］//（明）王世贞．王氏画苑．北京：北京大学图书馆藏明刻本．万历庚寅岁夏五月王氏淮南书院重刊，1590.

[5] 郭若虚，北宋初年名将郭守文之曾孙，书画鉴赏家和画史评论家，著《图画见闻志》。

[6]（北宋）郭若虚，图画见闻志［M］．黄苗子点校．北京：人民美术出版社，2016.

[7] 周积寅．中国画论辑要［M］．江苏：江苏美术出版社，2005：86.

[8]（宋）郭熙，鲁博林．林泉高致［M］．江苏：江苏文艺出版社，2015：10.

之品；君子之所以渴慕林泉者，正谓此佳处故也。”[1]（《林泉高致·山水训》）郭熙之所以将“可游”“可居”置于“可望”“可行”之上，无非因为前者是自然山水中的人迹，标识了人的掌控能力，更贴近文人士大夫阶层的心理需求。这种思想代表并引领了当时和后世的一大批山水画家的创作。

但是，“君子”之所以渴慕自然山水中的可游、可居之处，恰是因为自然山水中可游可居处尚不可多得，远离人群，远离世俗，为嘉遁之处，是人类触角伸向大自然的边界之地，是距离不可游、不可居甚至不可行的险峰危崖最近之处，是距离“远方”最近之处。“远”所带来的美感与气势是震撼人心的。于是，郭熙说：“君子之所以爱夫山水者，其旨安在……烟霞仙圣，此人情所常愿而不得见也”[2]，并提出了“高远”“深远”“平远”三个绘画空间形态上的“远”的概念。笔者认为，还需要提及心理上的“远”。物理空间的距离固然能使人感受到“远”，但“人迹”却会使这种心理距离瓦解殆尽。空寂无人之山、云端竖立之峰或模糊而未知的深林幽壑、连绵远山，才能很好地形成心理上的“远”，引发对自然山水更深的崇敬、渴望和热爱，同时也契合佛教中视自然山水为神圣的敬畏之心。这个观点可以解释中国山水画中的另一种审美取向：画空谷云峰，尽显空寂禅意，如宋李唐《万壑松风图》、清戴本孝《天台异松图》、清法若真《树梢飞泉图》等；画急流大川，烟波浩渺，迸发“天玄地黄，宇宙洪荒”的苍古力量，如宋马远《十二水图》；画苍渚荒丘，连绵山影，一片辽阔寂静肃穆高洁之美，如元倪瓒《六君子图》；即使那些以可游可居的山水作为近景、中景的画作，也常常以无人迹之山或苍茫辽远的水面作为远景，从而形成由近及远的完整气势，如唐王维《江干雪霁图》、北宋范宽《溪山行旅图》、南宋梁楷《雪景山水图》、清石涛《松溪茅舍》等。

绘画中近、中、远景的取舍与结合，在文人园林中也得到了充分体现。

不同于日本园林的“静观山水”，中国文人园林中的山水景观多是“走入式的”：山多平顶，可盘磴而上；洞可探幽，或造为石室，设置石桌石椅以待人休憩；湖渠中可荡舟、采莲；湖畔可垂钓、饮茶；回廊可环湖、穿林、翻山、渡水；斋、堂、楼、榭，可观景、休憩、歌舞、宴饮……园林中可游、可居之处的密集程度，远超山水画。这可能是由于较之山水画在艺术与精神上的单纯，园林更接近人的日常生活，更依赖于物质，因此也更倾向于满足人的享乐需求和欲望；而节制欲望、掌控整体却非普遍能力。园林折射着园主人、造园者和赏园者各自的精神境界和人生追求。

造园也以“远”为嘉景。中国传统私家园林多数占地有限，因此，若园外有美景，必然借以为视线的延伸；或以尺度对比夸张透视效果，使近者愈大，小者愈远；或曲折掩映，使之蓊郁幽深不见尽头；或墙垣前叠石形如山脚，再翳以密篆，产生“奇峰绝嶂，累累乎墙外”[3]的错觉。这些方法增加了园景的空间距离或心理距离，模糊了园的边界，使

[1]（宋）郭熙，鲁博林．林泉高致［M］．江苏：江苏文艺出版社，2015：21．

[2]（宋）郭熙，鲁博林．林泉高致［M］．江苏：江苏文艺出版社，2015：10．

[3]（明末清初）吴伟业．梅村家藏稿·张南垣传［M］．上海：涵芬楼，具体年代不详（1911-1949）．稿九卷五十二．

人产生园林空间向远方和未知处延伸的感觉。真实山水的“远”，常以其深邃悠远或壮丽辽阔，带给人“寄蜉蝣于天地,渺沧海之一粟”[1]的感慨。而园林所追求的“远”与此不同。赏园是由“近”及“远”的过程：园林以其举步可达、尺度怡人和安全舒适而“近”人，又激发人在安逸和满足的心态下突破心理边界，以眺望、联想、错觉等多种方式，实现“远”意。如此，由对近旁可及、可知、可控的园林环境的感知，到对不可即达、不可悉知、不可掌控之境的眺望、联想或猜想，才实现由实而虚、由近及远的完整的园景体验。

## 第四节 作为研究资料的文献和作为研究对象的古园

中国古典园林的相关文献，依照韦雨涓的《中国古典园林文献研究》[2]，可以分为园论、园记、园画和附属性文献四大类。其中，附属性文献是指诗词、匾额、石谱、花谱、方志、笔记、史书、小说等。园论有助于从理园手法上整体把握园林布局。对于某一特定园林，园记、园画、史书、方志、笔记、诗词和匾额等则更有针对性。除上述古代文献资料，笔者也从现代和当代学者的园林研究中获取帮助，相关的文献类别有中国园林历史、园林个案的复原研究、相关人物考证等。笔者所借助的其他文献资料还包括当代考古学勘察报告、卫星地图等。

被笔者选为研究对象的古园，均为古代私家园林，并且具有以下特征：

第一，该古园没有较完整的实物遗存；

第二，与古园同时代的文人为其留下绘画是非常普遍的现象，有些描绘景观片段，有些描绘园林全局；其中描绘园林全局的图稿没有流传下来，或者其遗存暂时还没有被发现或公开；

❶ 自（北宋）苏轼《前赤壁赋》.

❷ 韦雨涓．中国古典园林文献研究［D］．济南：山东大学，2014.

第三，该古园在文化历史上有一定影响力；

第四，能够找到与该古园相关的文字资料，并且其中有对园林地点、景观、建筑、相关事件等的描述。

在接下来的几章里，笔者将通过对（以文字为主）文献资料的研究，尝试对古园的形态结构和文化内涵作图景再现。

## 第五节 与古代园林相关的尺度、方位与描述视角

### 一、尺度与面积的历代标准

尺度控制着园林的体量和各部分的比例关系。关于园林的古代文献（以园记为主）通常有总面积、山池面积、林地面积、山体高度、景物间距等方面的描述，但关于园林建筑的尺度描述则比较少。用于描述园林的常用长度单位包括尺、步、丈、武、寻、常、里等；常用面积单位包括亩、顷等。这些单位产生的时间及其各个朝代的规定各有差异。

#### （一）尺

“尺”是中国古代最基本的单位，文献与文物的证据较为丰富，常作为推算其他长度单位的基础。已出土的商殷尺实物将其开始使用的年代定位于商代以前。

历代文献对夏、商、周三代“尺”的标准有多种记载，实物证据又不够充足，因此，在学术界尚存争议。按明代学者朱载堉在《乐律全书》二十二卷所述，并结合中国历史博物馆收藏的大明宝钞[1]尺寸推算，商尺（朱载堉认为商尺长度同明代营造尺）为31.904厘米，夏尺约

[1] 大明宝钞：明太祖洪武八年（1375年）开始发行的纸币，因滥发而通货膨胀，于明正德年间废止。中国历史博物馆收藏的大明宝钞尺寸为：纸边均长34.015厘米，墨边均长31.904厘米。

25.523厘米，周尺约20.419厘米。而丘光明等撰写的《中国科学技术史·度量衡卷》依据传河南安阳出土的两支殷商牙尺和一支骨尺，厘定商尺长为15.8厘米到17厘米[1]，并认为这符合《大戴礼记》“布指知寸，布手知尺”[2]的记载。历代学者对周尺的推断各自为说，难以确定，出土于金村古墓的东周铜尺，长约23.1厘米。

秦尺是由“商鞅量”[3]推算而得。学者唐兰在《商鞅量与商鞅量尺》一文中考证了“商鞅量”为商鞅任大良造时所监制的标准量器之一，铭曰“爰积十六尊五分尊一为升”[4]，即16.2立方寸为一升。以容积推算当时一尺合23.1厘米，与西汉“新莽铜嘉量”[5]所测尺的长度一致。丘光明等在《中国科学技术史·度量衡卷》中对“新莽铜丈”“新莽铜卡尺”“新莽铜嘉量”等数件西汉末量器作考证，认为西汉“尺”约为23.1厘米；东汉尺，有颇多被挖掘出的文物，大多在23厘米到24厘米之间[6]；三国尺在23.8厘米到24.2厘米之间，较为著名的为曹魏大司农斛尺和杜夔尺，均约为24.2厘米[7]。

两晋时有乐律尺和日常用尺之分，前者依荀勖尺，合23.1厘米，后者依杜夔尺，合24.2厘米。南北朝时期的尺，确切的文献记载和出土文物都比较丰富。南朝尺基本依古制，但比东晋时稍大，多在24.7厘米到25厘米间。北朝尺则明显增大，长约30厘米[8]。

隋初建，依后周与北魏制，日用尺长约29.5厘米，律尺长约24.6厘米。大业改制，日常尺约24.6厘米，律尺约23.6厘米。[9]唐尺有大尺、小尺（黍尺）和地方尺之分，历代学者常以开元钱校之，现存唐尺文物也较为丰富，但各家结论不同。唐大尺，综合各家论点，约29.6厘米到31.1厘米，广泛用于建筑和土地丈量；黍尺约25厘米，用于礼乐、天文。唐代地方尺，“一种是山东诸州民用大尺，长度在34.7厘米；另一种是苏州短尺……25.0～25.85厘米。”[10]

宋尺种类繁多，主要有三类：官尺、礼乐天文尺和地方尺。宋代官尺约31.4厘米，天文尺沿用古代小尺，地方尺有浙尺、淮尺。[11]

元尺，依据多枚官印尺寸推算，一尺约35厘米。[12]

朱载堉《乐律全书》二十二卷中对由唐代到明代“尺”的种类和换算关系进行了详尽阐述：“今工部妆藏宝源局所铸量地铜尺，五尺为步；今之五尺乃夏尺之六尺四寸，周尺之八尺也……商尺者，即今木匠所用曲尺，盖自鲁般传至于唐人，谓之大尺，由唐至今用之，名曰今尺，又

❶ 丘光明．中国科学技术史·度量衡卷［M］．北京：科学出版社，2001：198.

❷（汉）戴德．大戴礼记［M］．（北周）卢辩注．景印文渊阁四库全书-128册．台北：台湾商务印书馆，1982.

❸“商鞅量”又称“商鞅方升”，造于秦孝公十八年（公元前344年），它出土于晚清时期，被晚清著名收藏家龚心钊藏于龚氏汤泉别墅，“文革”时被抄没，现藏于上海博物馆。

❹ 唐兰．商鞅量与商鞅量尺［M］．唐兰先生金文论集．北京：紫禁城出版社，1995：25.

❺“新莽铜嘉量”为新莽元年（公元9年）以栗氏量为模式，由王莽国师刘歆等人监制的标准量器，今藏台北故宫博物院。器深一尺，测量值约23.1厘米。

❻ 丘光明．中国科学技术史·度量衡卷［M］．北京：科学出版社，2001：205-211.

❼ 丘光明．中国科学技术史·度量衡卷［M］．北京：科学出版社，2001：269-273.

❽ 丘光明．中国科学技术史·度量衡卷［M］．北京：科学出版社，2001：285-287.

❾ 丘光明．中国科学技术史·度量衡卷［M］．北京：科学出版社，2001：300-301.

❿ 丘光明．中国科学技术史·度量衡卷［M］．北京：科学出版社，2001：320-328.

⓫ 丘光明．中国科学技术史·度量衡卷［M］．北京：科学出版社，2001：370.

⓬ 丘光明．中国科学技术史·度量衡卷［M］．北京：科学出版社，2001：397.

名营造尺，古所谓车工尺；韩邦奇[1]曰，‘今尺惟车工之尺最准，万家不差毫厘，少不同则不利载，是孰使之然哉，古今相沿自然之度也’；然今之尺则古之尺二寸也，所谓尺之轧天下皆同是也，以木工尺去二寸则古尺也……车工，即造骡车之匠人也……此尺即唐人所谓大尺，大尺去二寸，唐人所谓黍尺……以开元钱[2]校此曲尺，则尺未尝改也……”[3]朱载堉又论述了明代通行的钞尺、曲尺和铜尺：“会典云，洪武八年，诏中书省造大明宝钞[4]，取桑穰为钞料，其制方，高一尺，阔六寸许；臣谨按见今常用官尺，有三种，皆国初定制，寓古法于今尺者也……一曰钞尺，即裁衣尺，前所谓织造假足尺也，此尺与宝钞纸边外齐，是为衣尺，又名钞尺；二曰曲尺，即营造尺，前所谓方高一尺者也，此尺与宝钞黑边外齐，是为今尺，又名曲尺；三曰宝源局铜五尺，即上条所谓量地五尺也，此尺比钞黑边长，比钞纸边短，当衣尺之九寸六分……今营造尺八寸当开元十枚……”[5]《乐律全书》中绘有明朝“尺”与宝钞边长的比较图[6]（图1–1）。依据阴法鲁等著《中国古代文化史》，中国历史博物馆收藏的大明宝钞尺寸为：纸边均长34.015厘米，墨边均长31.904厘米[7]。由此知明代钞尺（裁衣尺）为34.015厘米，曲尺（营造尺）为31.904厘米，铜尺（量地尺）为钞尺长度的96%，约为32.654厘米。

清代沿用明代尺度，但天文尺不再使用古代小尺，而是使用营造尺（约32厘米），仍沿用量衣尺（多件实物34.9～36.5厘米）和量地尺（约34厘米）。[8]

## （二）丈、步、武、寻和里

园林相关文字文献中，常见的长度单位还有丈、步、武、寻、里等，它们多以尺为基准，与当时通行的尺的长度有固定的换算比例，也常常以古尺为校。

《汉书·历律志》云：“度者，分、寸、尺、丈、引也……十尺为丈，十丈为引……”《小尔雅·广度》云：“五尺，谓之墨；倍墨，谓之丈。”西汉礼学家戴圣所编《礼记·王制》曰：“古者以周尺八尺为步，今以周尺六尺四寸为步。”《小尔雅·广度》云：“跬，一举足也；倍跬，谓之步。”《国语》卷三《周语下》有：“夫目之察度也，不过步武尺寸之间；其察色也，不过墨丈寻常之间。”东吴韦昭注曰：“六尺为步，贾君

[1] 韩邦奇：（1479—1556年），字汝节，号苑洛，陕西朝邑人，明代官员、学者、音乐家。他精通诸经子史及天文、地理、乐律、术数和兵法，著有《苑洛集》《易学启蒙意见》《见闻考随录》《禹贡详略》《苑洛语录》《律吕新书直解》等。

[2] 开元钱：即“开元通宝”，唐高祖武德四年开铸，形制沿用秦方孔圆钱。作为流通货币的开元通宝材质为铜；也有金、银、玳瑁、铁、铅等罕见品种，不作流通之用。开元通宝，径八分（约2.5厘米），重二铢四丝（约4克）。这里“开元”指开国，开辟新纪元之意。

[3] （明）朱载堉．乐律全书［M］//景印文渊阁四库全书–213册．台北：台湾商务印书馆，1982：598.

[4] 大明宝钞：明太祖洪武八年（1375年）开始发行的纸币，因滥发而通货膨胀，于明命正德年间废止。

[5] （明）朱载堉．乐律全书［M］//景印文渊阁四库全书–213册．台北：台湾商务印书馆，1982：600.

[6] （明）朱载堉．乐律全书［M］//景印文渊阁四库全书–213册．台北：台湾商务印书馆，1982：606.

[7] 阴法鲁等．中国古代文化史［M］．北京：北京大学出版社，2008.

[8] 丘光明．中国科学技术史·度量衡卷［M］．北京：科学出版社，2001：421–424.

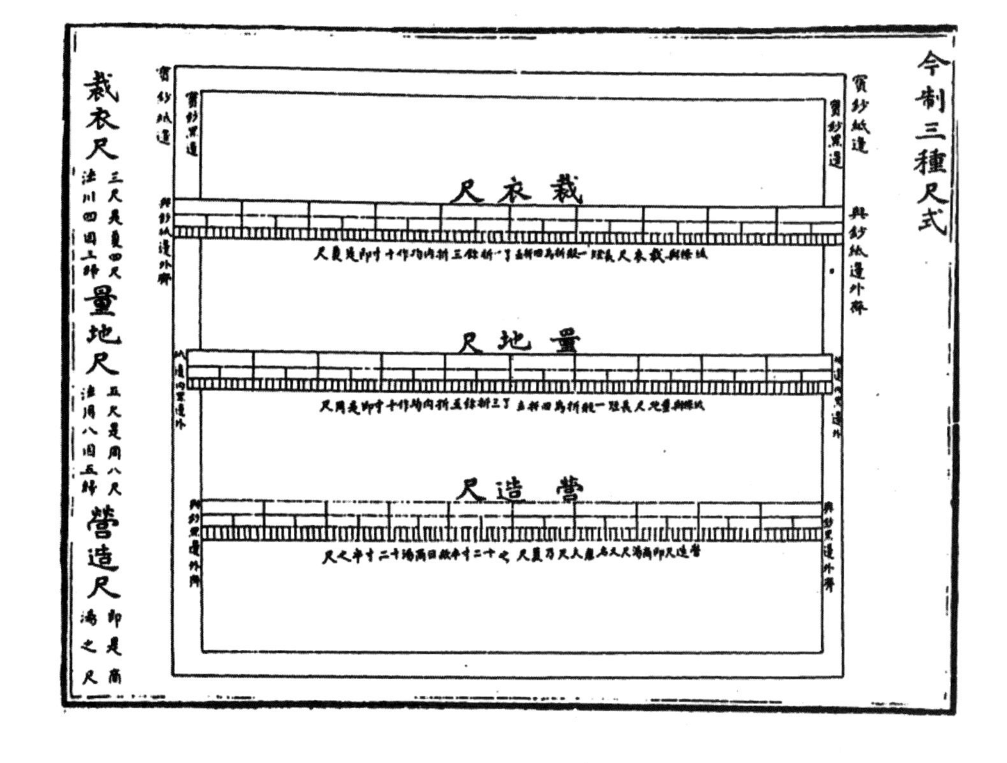


◈图1-1 以明代宝钞为参照的三种尺的长度对比，自明代朱载堉《乐律全书》二十二卷

以半步为武……五尺为墨，倍墨为丈；八尺为寻，倍寻为常。”[1]《旧唐书·食货上》云：“五尺为步。”[2]明朱载堉《乐律全书》云：“今工部妆藏宝源局所铸量地铜尺，五尺为步；今之五尺乃夏尺之六尺四寸，周尺之八尺也……”[3]

唐修《晋书》引《司马法》[4]云：“《司马法》广陈三代曰：古者六尺为步，步百为亩，亩百为夫，夫三为屋，屋三为井；井方一里，是为九夫，八家共之；一夫一妇受私田百亩，公田十亩，是为八百八十亩，余二十亩为庐舍……”[5]《谷梁传·宣公十五年》云：“古者三百步为里，名曰井田，井田者九百亩。”这两段中提到了“步”“亩”“里”的换算关系。古尺取周尺，约21厘米，则步（六尺）合1.26米，一亩约合159平方米，一夫约合15876平方米，一井（九夫）约合142884平方米。面积为一井的正方形边长为一里，则周朝一里约合378米，恰为周300步。

由于各朝代“尺”的标准不同，“尺”与其他单位的换算比例也有变化，因此，这些常用单位的实际长度在各个历史时期存在差异。

将秦汉尺厘定为23.1厘米，则丈（十尺）合2.31米，步（六尺）合1.386米,里（三百步）约合416米，武（半步）合0.693米，寻（八尺）约合1.848米，常（倍寻）约合3.696米。

晋尺约24厘米，则丈约合2.4米，步（六尺）约合1.44米，里约合432米，武约合0.72米。

唐丈量土地之大尺约29.6～31.1厘米，则丈约合3米，步（五尺）约合1.5米，里约合450米，武约合0.75米。

❶（吴）韦昭注．国语·周语下［M］//景印文渊阁四库全书-406册．台北：台湾商务印书馆，1982：37.

❷（后晋）刘昫．旧唐书·食货·志第二十八［M］//景印文渊阁四库全书-269册．台北：台湾商务印书馆，1982：371.

❸（明）朱载堉．乐律全书［M］//景印文渊阁四库全书-213册．台北：台湾商务印书馆，1982：598.

❹《司马法》是春秋时期的重要军事著作，周姜子牙等撰，东汉以后，被学者广加征引，亡佚多，现仅残存五篇。

❺（唐）房玄龄等．晋书［M］//景印文渊阁四库全书-255册．台北：台湾商务印书馆，1982：242.

宋官尺约31.4厘米，则丈约合3.1米，步（五尺）约合1.57米，里约合471米，武约合0.785米。

明清官尺（营造尺）约32厘米，则丈约合3.2米，步（五尺）约合1.6米，里约合480米，武约合0.8米。

### （三）亩与顷

汉桓宽撰《盐铁论·未通》云："御史曰：古者，制田百步为亩，民井田而耕，什而籍一，义先公而后己，民臣之职也；先帝哀怜百姓之愁苦，衣食不足，制田二百四十步而一亩，率三十而税一……"[1]《旧唐书·食货上》云："武德七年始定律令，以度田之制，五尺为步，步二百四十为亩，亩百为顷。"[2]清托克托撰《金史·食货二》云："田制，量田以营造尺五尺为步，阔一步长二百四十步为亩，百亩为顷……"[3]

《中国科学技术史·度量衡卷》中对"亩"的历史演变加以考证，认为古制百步为亩（1亩=1步×100步），秦国一地率先推行二百四十步为亩的制度，汉以后得到广泛推行，并一直沿用到清。[4]"百亩为顷"的换算关系一直没有变化。

周尺约21厘米，则步（六尺）合1.26米，周一亩（百步）约合159平方米（1.26米×1.26米×100≈159平方米）；秦汉步合1.386米，则秦汉一亩（二百四十步）合461平方米（1.386米×1.386米×240≈461平方米）；晋步合1.44米，则晋一亩约合498平方米，一顷约合4.98万平方米（4.98公顷）；唐步合1.5米，则唐一亩约合540平方米，一顷约合5.4万平方米（5.4公顷）；明清步合1.6米，则明一亩约合614平方米，一顷约合6.14万平方米（6.14公顷）。

## 二、方位的描述

描述园林的古代文献中常使用东西南北、阴阳、前后、左右等方位词。

东、西、南、北四方，是以"地"作为参照的方向系统，相对于以叙述者自身、山、水、建筑、路径等作为参照的方向系统，四方可以被看作"绝对坐标系"。四方是中国人在日常生活中惯常使用的定向方式之一，因此在描述园林时，不论叙述者的视角是宏观还是微观，都可能使用"东南西北"来确定方向。比如，严虞惇《东园记》云："隍池绕其北，平畴豁其南，遥村远浦，东西围合"，是从宏观视角描述园林四方的外部环境；张采《娄东园林志·东园》云："廊左修池宽广可二三亩；廊北折而东，面池有楼，曰揖山"，是从路径微观视角来

[1]（汉）桓宽．盐铁论［M］//景印文渊阁四库全书-695册．台北：台湾商务印书馆，1982：529.

[2]（后晋）刘昫．旧唐书·食货·志第二十八［M］//景印文渊阁四库全书-269册．台北：台湾商务印书馆，1982：371.

[3]（清）托克托．金史·食货二［M］//景印文渊阁四库全书-290册．台北：台湾商务印书馆，1982：565.

[4] 丘光明．中国科学技术史·度量衡卷［M］．北京：科学出版社，2001，23-24.

描述廊行进的方向，以及廊与相邻景观的相对位置，其方位描述，从“廊左”的相对坐标系自然切换为“北折而东”的绝对坐标系。

阴阳者，一体之两面。在中国传统文化中，某一事物的阴阳通常具有特定的含义。因此，以阴阳描述方位，是以某一特定事物作为参照的。比如山之南、水之北为“阳”，山之北、水之南为“阴”；堂南为“阳”，其北为“阴”；宅向南开大门者，其主堂为坐北朝南，称“面阳”；宅向北开大门者，其主堂朝北，称“负阳而面阴”。石崇《思归叹并序》之“遂肥遁于河阳别业”，表明金谷园别业在金谷水北岸。徐树丕《识小录·紫芝园》云：“太仆家在上津桥，负阳而面阴”，即徐景文（太仆）宅主入口及正堂朝北。张采《娄东园林志·东园》之“水之阴为竹，水之阳竹无穷极”，即水的南北两岸为竹林。

“前后”与“左右”，皆是从描述者的微观视角进行方向判定，或者说，是以描述者所认定的“正向”为参照而判定前后左右的。陈继儒《许秘书园记》云：“太公尝选地百亩，菟裘其前，而后则樊潴水种魚。”由陈维中《吴郡甫里志》“许中翰自昌宅在太平桥南堍之东，朝北”的记载可知，许自昌宅朝北，在园基之北，因此“菟裘其前，而后则樊潴水种魚”中的“前”“后”是以宅的正向为参照的，即以北为前，宅朝北开正门，以南为后，园在宅南。徐树丕《识小录·紫芝园》云：“太仆家在上津桥，负阳而面阴，右为长廊数百步以达于园；园南向，前临大池……”这段文字首先以徐景文（太仆）宅的朝向（北）作为正向，“右为长廊”是指面朝北时廊在右手侧，即长廊从宅东侧通往后园；而后，“园南向”是指以南向作为园的正向，因此以园南为“前”，大池在宅园之南。王世贞《弇山园记一》云：“……不及弄之半，为隆福寺，其前有方池……寺之右即吾弇山园也……”在嘉庆《直隶太仓州志》卷二《太仓州城图》中可见隆福寺坐北朝南。以隆福寺正向（南）为“前”，则池在寺南（前），弇山园在寺西（右）。郦道元《水经注》云：“……榖水又东，左会金谷水；（金谷）水出太白原，东南流……”榖水向东流，即以榖水为参照而取东为正向，朝东南流的金谷水自榖水北（左）侧汇入榖水。张采《娄东园林志·东园》云：“廊北折而东，面池有楼，曰揖山；循左屋数间；右石径后多植竹，竹势参天，有阁曰凉心。”这里“左”“右”的参照物有些模糊，可能是廊，也可能是楼。若以楼为参照，“循左”则是自楼东行；石径在楼右即在楼西，与后文“度竹径”后向东南的游园方向矛盾。所以，这里很可能是以向东延伸的廊道为参照，面东而行，北（左）侧有屋数间，右有竹径转向南（或东南）行。可见，前后左右是相对方向，它们与东南西北并没有绝对的对应关系，往往需要先确定参照物的正向，才能知道其“前后”“左右”所指。

## 三、观察角度和描述顺序

描述园林的文字，通常体现出一定的观察角度，最常见的有人视、仰视、眺望、俯视和鸟瞰。

按照游园路径依次描述景物的文字，通常以人视角度为主，行到峻峰、密林、高楼下自然转变为仰视，登上山顶、楼阁又转换为眺望和俯视。这种描述方式能较为清晰地表达游园路线上依次出现的景观或建筑的相对位置，并且通常是撰文者实地游赏的记录，依照有始有终的单一路径。从人视和仰视的角度进行描述，可以形成身临其境的景观体验。而观察者登高眺望或俯视时，常常会对园林大貌作出较为宏观的描述，有助于从整体上把握园林的空间结构。

另一种情况是依园图写作园记，常采用鸟瞰视角进行描述。比如，王原祁托严虞惇为太仓东园作记时，园已颓败而不堪赏玩，于是，他并没有请严虞惇去园中游赏，而是持“东园图”，请严虞惇看图撰文。因此，严虞惇所作《东园记》体现出明显的鸟瞰视角——取东、西两条线路依次描述；两条路径分别于“东冈之陂”东、西两侧开始，相互独立；叙述两条路径的两段文字间没有衔接。有时，园记作者出于对园林总体面貌和周边状况的良好把握，也有可能在部分段落采用鸟瞰视角的描述方式，比如王穉登撰《紫芝园》中描述登上玄览阁鸟瞰全园的片段。

# 第二章 洛阳金谷园

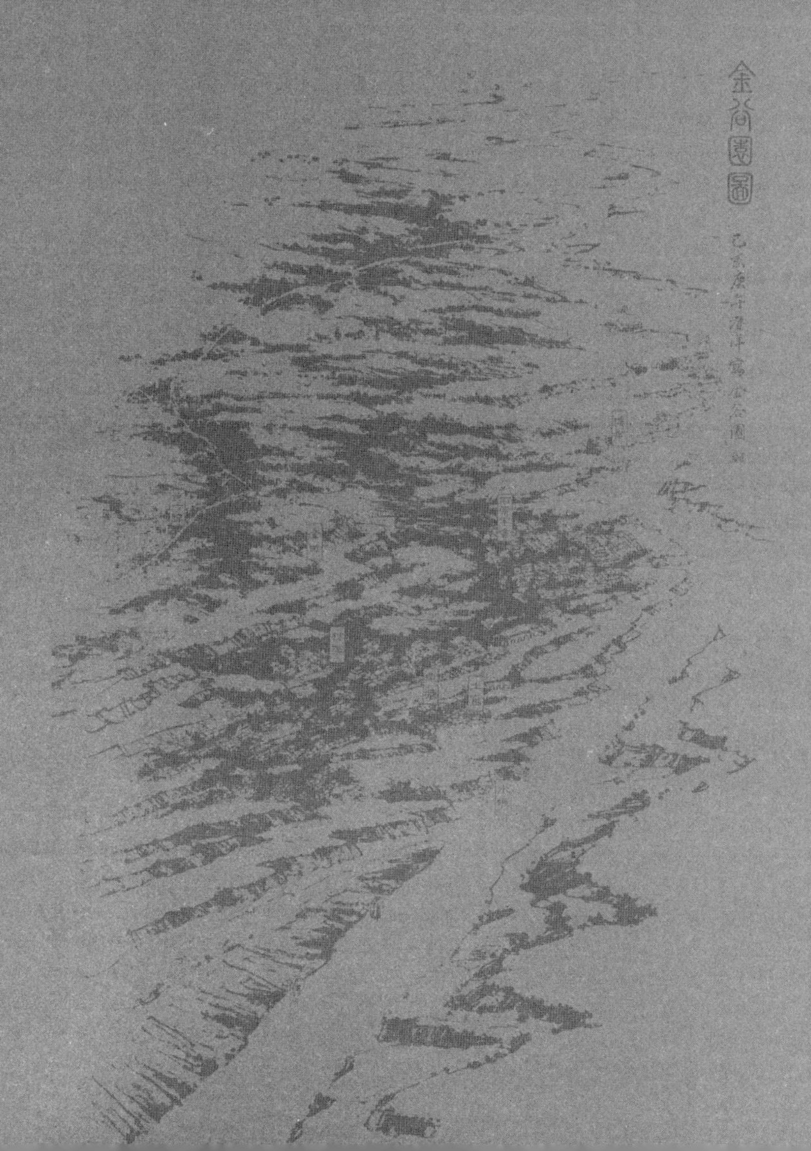

## 第一节 黄粱梦中 荒草原下

金谷园，是西晋官僚豪强石崇在都城洛阳郊外的别业。金谷园位于河南郡洛阳城（图2-1）北部北邙山的金谷涧中，总面积达五六百顷（约合今2000~3000公顷），馆阁错落，陂田漫谷，果园、鱼池、谷仓、水碓、土窟等散布其间，是集生产、娱乐为一体的大型庄园。

园主石崇，在任荆州刺史时，靠搜刮民脂和劫掠商队发家，虽非皇亲国戚，却成为洛阳首屈一指的富豪，引领西晋皇族、贵族及官宦的竞奢之风。石崇与王恺斗富的典故，在《晋书》和《世说新语》中都有收录。

他在京城洛阳任职期间，常在金谷园宴请同僚。元康六年的“金谷雅集”是其中规模和影响最大的一次。此次宴集，是为送别四十六岁的石崇赴任下邳，以及送别征西大将军祭酒王诩回长安。送者倾都，宴饮数日。宾客和乐饮酒赋诗，辑作《金谷集》。可惜除石崇的《金谷诗序》和潘岳诗遗存较完整外，其他只余个别残句。

四年后（永康元年），赵王司马伦政变，石崇所投靠的贾南风和贾谧被杀。石崇也被免官，在金谷园赋闲，留下《思归叹》。最终，石崇、潘岳等在政治斗争中落败，被孙秀矫诏而杀。金谷园被抄没，从此快速衰落。

虽然北魏《水经注》、南朝《舆地志》、南朝《世说新语》、南朝《金楼子》、唐修《晋书》等古籍都对金谷园的位置有所记载，但记载却不一致。宋代以后，金谷园的遗迹更难以辨识，年代久远，文字记录的可信度又进一步下降。因此，对于金谷园的基址定位，学术界夙有争论。

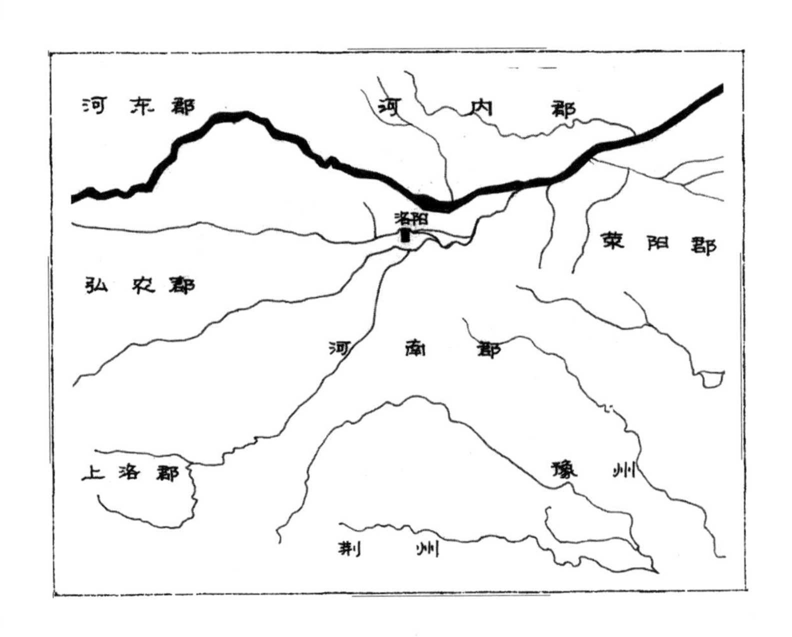


图2-1　西晋河南郡示意图

## 第二节 金谷园主人石崇

石崇（公元249～公元300年），字季伦，小名齐奴，西晋开国名将石苞第六子。

《晋书》卷三十三，列传三，有石崇传："崇字季伦，生于青州，故小名齐奴；少敏惠，勇而有谋……年二十余，为修武令，有能名；入为散骑郎，迁城阳太守；伐吴有功，封安阳乡侯；在郡虽有职务，好学不倦，以疾自解；顷之，拜黄门郎；崇颖悟有才气，而任侠无行检；在荆州，劫远使商客，致富不赀；征为大司农，以征书未至擅去官免；顷之，拜太仆，出为征虏将军，假节、监徐州诸军事，镇下邳；崇有别馆在河阳之金谷，一名梓泽，送者倾都，帐饮于此焉……石崇学乃多闻，情乖寡悔，超四豪而取富，喻五侯而竞爽；春畦藿靡，列于凝沍之晨；锦障逶迤，亘以山川之外……"[1]石崇既看重名望，又极度追求物质享受，他曾说："士当令身名俱泰。"[2]

关于石崇的奢侈和富有，《晋书》记石崇与王凯争豪："财产丰积，室宇宏丽，后房数百，皆曳纨绣珥，金翠丝竹，尽当时之选，庖膳穷水陆之珍；与贵戚王恺、羊琇之徒以奢靡相尚；恺以粭澳釜，崇以蜡代薪；恺作紫丝布步障四十里，崇作锦步障五十里以敌之；崇涂屋以椒，恺用赤石脂；崇、恺争豪如此，武帝每助恺，尝以珊瑚树赐之，高二尺许，枝柯扶疏，世所罕比；恺以示崇，崇便以铁如意击之，应手而碎；恺既惋惜，又以为嫉己之宝，声色方厉；崇曰，不足多恨，今还卿；乃命左右悉取珊瑚树，有高三四尺者六七株，条干绝俗，光彩曜日，如恺比者甚众；恺恍然自失矣；崇为客作豆粥，咄嗟便办；每冬，得韭萍齑；尝与恺出游，争入洛城，崇牛迅若飞禽，恺绝不能及；恺每以此三事为恨，乃密货崇帐下问其所以；答云，豆至难煮，豫作熟末，客来，但作白粥以投之耳；韭萍齑是捣韭根杂以麦苗耳；牛奔不迟，良由驭者逐不及反制之，可听蹁辕[3]则快矣；于是悉从之，遂争长焉；崇后知之，因杀所告者。"[4]《世说新语》有文记其厕之豪华："石崇厕常有十余婢侍列，皆丽服藻饰，置甲煎粉、沈香汁之属，无不毕备，又与新衣着令出；客多羞不能如厕……"[5]

石崇、潘岳、刘坤等人谄媚和依附于权贵贾谧、贾南风，并因这种利益关系形成松散的士人集团，时称"二十四友"。《晋书》卷四十记载："谧好学，有才思；既为充嗣，继佐命之后，又贾后专恣，谧权过人主，至乃锁系黄门侍郎，其为威福如此；负其骄宠，奢侈逾度，室宇

[1] 房玄龄等．晋书［M］//景印文渊阁四库全书-255册．台北：台湾商务印书馆，1982：604-605.

[2] 房玄龄等．晋书［M］//景印文渊阁四库全书-255册．台北：台湾商务印书馆，1982：606.

[3] 蹁，行走时脚不正。蹁辕，指让车的重心偏向一侧辕木，另一个车轮和地面间的摩擦力就小，车就走得快。

[4]（唐）房玄龄等．晋书［M］//景印文渊阁四库全书-255册．台北：台湾商务印书馆，1982：605-606.

[5]（南朝宋）刘义庆，世说新语（汰侈，第三十）［M］．梁刘孝注．上海：世界书局，民国.

崇僭，器服珍丽，歌僮舞女，选极一时；开阁延宾，海内辐辏，贵游豪戚及浮竞之徒，莫不尽礼事之；或著文章称美谧，以方贾谊；渤海石崇欧阳建、荥阳潘岳、吴国陆机陆云、兰陵缪征、京兆杜斌挚虞、琅琊诸葛诠、弘农王粹、襄城杜育、南阳邹捷、齐国左思、清河崔基、沛国刘瑰、汝南和郁周恢、安平牵秀、颍川陈眕、太原郭彰、高阳许猛、彭城刘讷、中山刘舆刘琨，皆傅会于谧，号曰二十四友，其余不得预焉。"[1]西晋政局混乱黑暗，许多官宦为趋利和自保而攀附权贵，石崇对贾南风之谄媚尤甚："广城君[2]每出，崇降车路左，望尘而拜，其卑佞如此。"[3]

贾南风、贾谧在八王之乱的后期落败，永康元年（公元300年）为赵王司马伦和孙秀所诛杀。石崇也作为党羽被免官。孙秀觊觎石崇宠妾绿珠而不得，又加之石崇的外甥欧阳建曾弹劾司马伦而与其结仇，因此孙秀便劝说司马伦杀石崇和欧阳建。石崇和欧阳建得知他们的计谋，便与黄门侍郎潘岳暗地里劝淮南王允和齐王冏诛杀司马伦与孙秀。事尚未成，司马伦和孙秀就矫诏收石崇、欧阳建和潘岳，杀于东市，诛三族。石崇死时五十岁。他只是被八王之乱殃及的小角色，他死后，诸侯王之间的相互倾轧和杀戮又持续了七年才落幕。

[1]（唐）房玄龄等．晋书［M］//景印文渊阁四库全书-255册．台北：台湾商务印书馆，1982：709.

[2] 广城君，名郭槐，贾南风之母，贾充继室。

[3]（唐）房玄龄等．晋书［M］//景印文渊阁四库全书-255册．台北：台湾商务印书馆，1982：606.

## 第三节 金谷园的变迁

金谷园的具体建造年代不详，应在石崇拜黄门郎迁洛阳之后，最有可能在其任荆州刺史大肆搜刮钱财之后。元康六年（公元297年）金谷宴集时，金谷园已经落成。永康元年（公元300年），石崇在《思归叹》中写道："弱冠登朝，历位二十五年；年五十，以事去官。"可见石崇的仕途约开始于泰始十年（公元274年）。孙吴灭亡于西晋太康元年（280年），石崇被封为安阳乡侯，其时三十一岁，拜黄门郎是在此后，赴任荆州则更后。由此推测，金谷园的修建，可能开始于公元290年前后。由于《思归叹》比《金谷诗序》描写的景物又有增加，所以从建成到永康元年，金谷园可能处于局部改建与增建中。

石崇去世后，包括宅、田、姬妾、奴仆、珍宝等一切财产均被抄检。金谷园随即衰败。李根柱在《金谷园遗址新考》中提及"金谷园遗址存世自晋至唐约400年"[1]，但未提及从何处考证而得。东晋郭缘生《述征记》、北魏郦道元《水经注》、南朝梁顾野王撰《舆地志》等古代地理典籍对金谷园做出的定位不尽相同，而唐宋以后的著述中更有多种说法，因此金谷园的定位和变迁在学术界存在很大争议，将在后文加以讨论。唐代有大量以金谷园为题材的诗赋，是否能作为金谷园在唐代尚有遗存的证据呢？笔者认为，怀古诗不足为证——曾经的名园所承载的文化价值足以使后辈文人将其作为吟咏的对象，而不必借助于遗迹的实体。

[1] 李根柱．金谷园遗址新考［J］．洛阳理工学院学报，2011，8（26）．

# 第四节 金谷园相关文献及图考

## 一、研究北邙山的地质、地貌

对北邙山地质、地貌的考察，是研究金谷园定位和金谷园面貌的基础。北邙山地质、地貌的信息，来源于卫星地图、文献和笔者实地考察。

所谓“北邙”，即洛阳盆地中部的黄土台塬区，西邻基岩山区，东南和东北分别临黄河河谷平原和伊洛河河谷平原。北邙地形西高东低，中部高，南北低。土塬东部较平坦，有洛河、黄河阶地，在地壳上升和河流下切的过程中形成阶梯状地貌，最低海拔约100米；西部最高海拔约450米。北邙土塬大致形成于新生代中、上更新统，两级阶地和河流冲积平原发生于全新统[1]，距今百余万年（图2-2）。经历漫长的岁月，在地表流水的作用下，塬坡沟谷发育，逐渐形成今天的面貌。

Google卫星地图清晰地呈现了孟津县及其周边的自然地势和陂田景观（图2-3）。将Google地图高程数据进行可视化处理，可以看到：土塬总趋势为中间、西部高，南、北及东部低；土塬中部平阔，自东部到西部，海拔高度从约200米升到约450米；冲沟自周边呈树状侵入土塬腹地，北侧沟谷为南北向，通向黄河谷地，南侧沟谷自西北向东南通洛河谷地；冲沟发育程度不同，沟深从数米到百余米不等，沟宽在百米到千米间变化。（图2-4、图2-5）

黄土塬上的冲沟，经百万年而成：由溪流和雨水构成的地表间歇性水流，沿土塬的缓坡流向线状的原始凹地，再向土塬周边地势更低的河谷汇聚；在初期水量充沛的年代里，流水的下切作用十分活跃，并伴随着侧向侵蚀，土塬上的沟谷经历了纹沟、细沟而发展为冲沟，由于黄土垂直节理发育（图2-6），边坡“经常沿节理发生崩塌，形成峭壁”[2]；气候干湿的交替，造成了河流堆积和侵蚀的交替，从而在纵向形成“溯源侵蚀”[3]和阶梯状纵截面，在横向不断拓宽，形成阶梯形或“V”形横截面；越古老的沟谷，越平缓开阔；近千年以来，这里的降水减少，地下水逐渐枯竭，沟谷遂慢慢干涸，使得土塬周边的沟谷发育减缓，不同发育阶段的沟谷——坳沟、冲沟、细沟、纹沟等[4]被大量保存，跨越千百年呈现在今人的面前——塬坡布满树状的沟谷，古水道干涸而植被茂盛（图2-7）；较窄的沟谷沟壁陡直，沟底平坦，可见土柱（图2-8）、土梁；宽阔的沟谷往往为阶梯状或“V”形横截面；墚、塬、阶为田所覆盖（图2-9、图2-10）。不同于岩石沟谷千年不坏的水平水蚀痕，由于

❶ 张本昀，陈常优，王家耀．洛阳盆地平原区全新世地貌环境演变［J］．信阳师范学院学报（自然科学版），2007（20）：381-384.

❷ 王数，东野光亮．地质与地貌学［M］．北京：中国农业出版社，2013：260.

❸ 溯源侵蚀：在黄土区，由于垂直节理较发育，冲沟的沟头往往形成陡坎；当水流通过时，在陡坎底部掏蚀成壶穴，引起顶部崩塌，使陡坎不断后退，冲沟不断伸长。引自：王数，东野光亮．地质与地貌学［M］．北京：中国农业出版社，2013：178.

❹ 纹沟、细沟、冲沟、坳沟是黄土沟谷地貌发育过程中先后经历的几个阶段。引自：王数，东野光亮．地质与地貌学［M］．北京：中国农业出版社，2013：264.

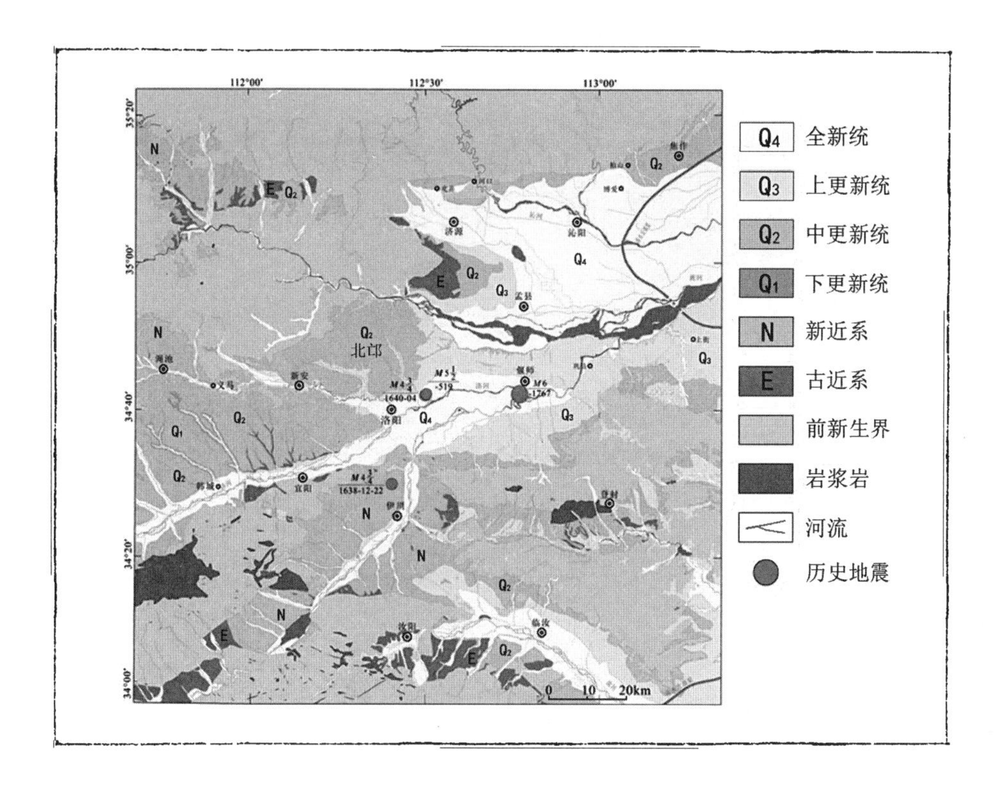


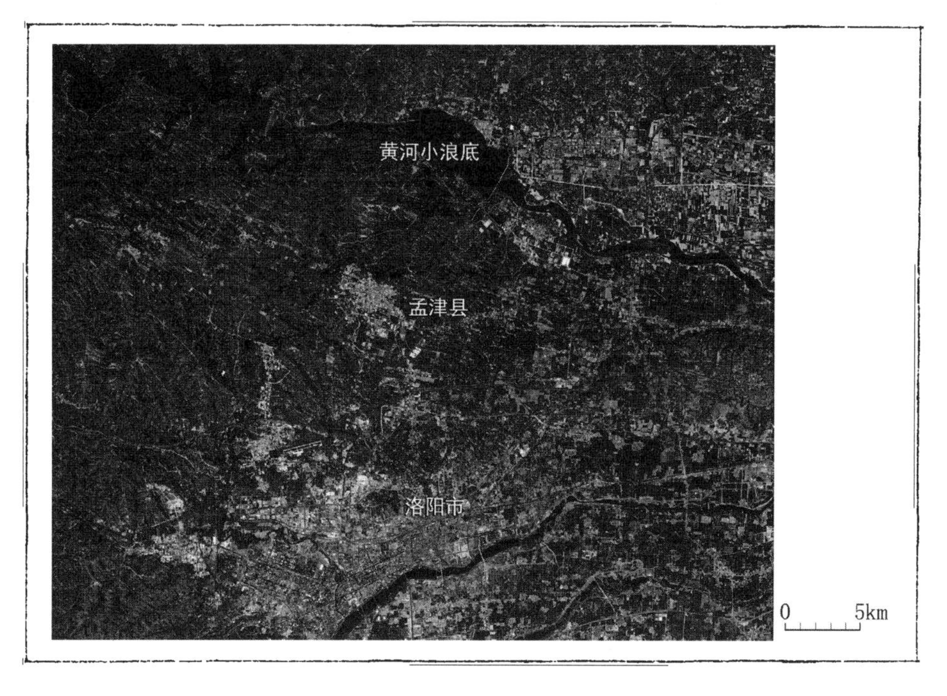


2
—
3

◈ 图2-2　洛阳盆地及邻区地质图（来源：祁高《河南洛阳偃师断裂第四纪活动特征研究》）

◈ 图2-3　洛阳市及其北部孟津县（来源：Google地图）

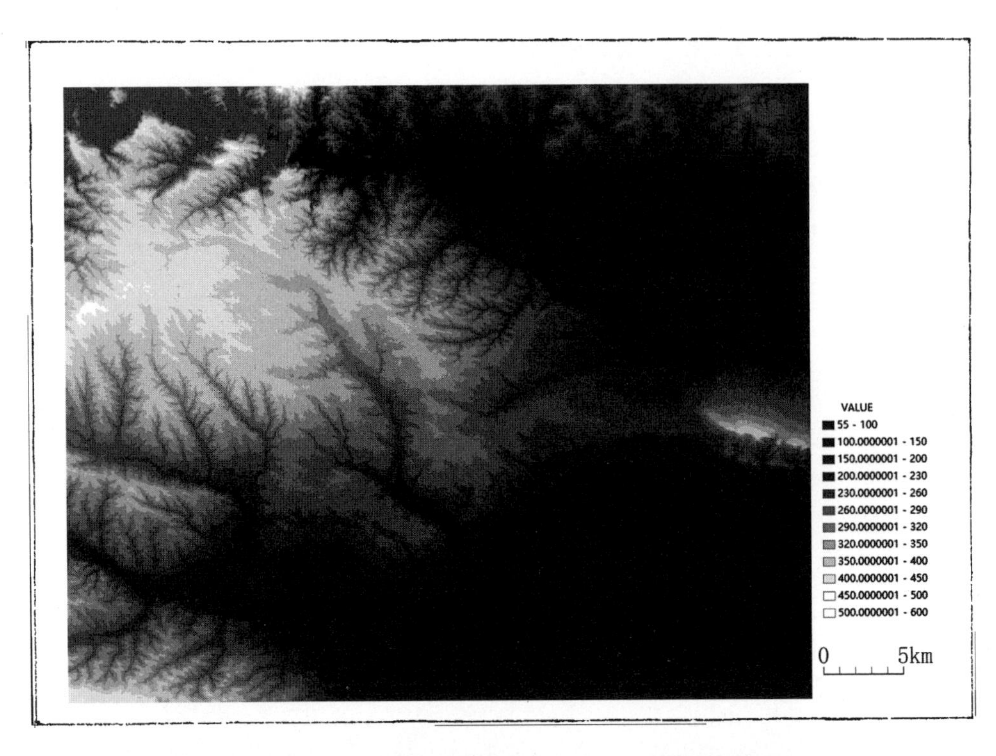


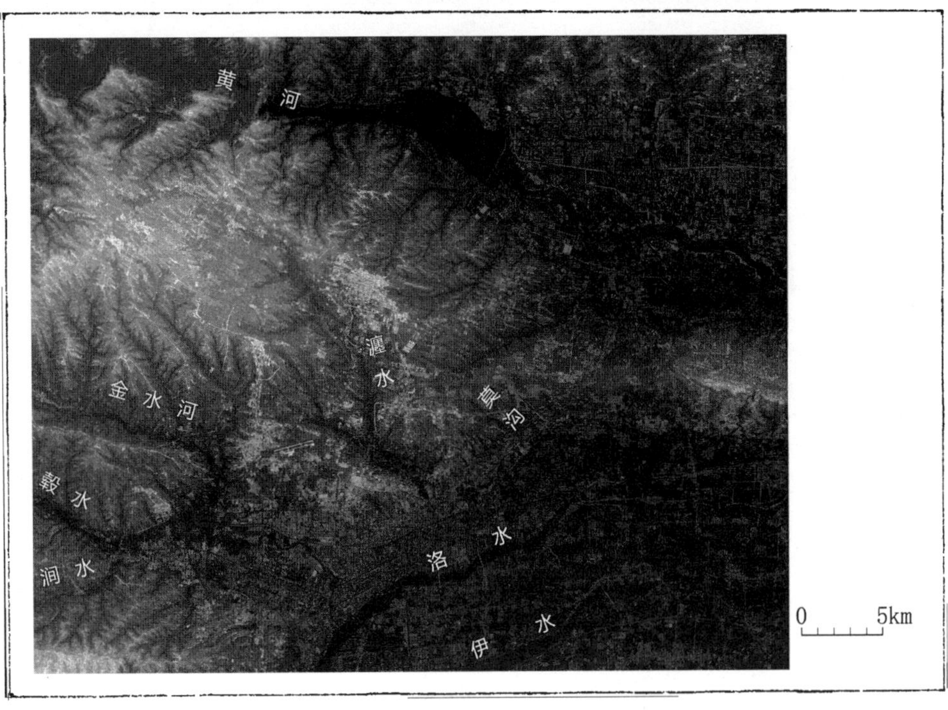


4
—
5

◈ 图2-4　洛阳市及其北部孟津县高程图（来源：数据取自地理空间数据云网站ArcGis绘制）

◈ 图2-5　洛阳市及其北部孟津县高程与机理的对应关系（来源：Google地图笔者改绘）

黄土较为疏松，在后续的风化作用和雨水冲刷下，曾经的洪流侵蚀土壁的水平纹理不久便消失殆尽。笔者在孟津县“莫沟”的侧壁上找到一处残留的河流侵蚀水平纹理（图2-11），距沟底10米左右，是水流曾经丰沛的证明，也是“莫沟”形成较晚的证明。

西晋距今约一千七百年。当时这个地区既有丰富的泉源，又有充沛的降水，在质地较为脆弱的黄土台塬上，沟谷正处于旺盛的生长期。我们今天看到的深沟大谷在当时已经存在，其深广与长度小于今日，并且形态也异于今日。今所见侧坡徐缓，底部开阔的坳地与古河床，在千余年前可能是水量充沛、侧壁陡直的河谷，或是发育中期阶段的冲沟。

6 | 7
8

◈图2-6　河南洛阳孟津县莫沟黄土地貌竖向节理

◈图2-7　河南洛阳孟津县凤台村西南冲沟与土墚

◈图2-8　河南洛阳孟津县莫沟土柱

图2-9　河南洛阳孟津县阶地梯田（来源：百度地图）

图2-10　河南洛阳孟津县胡张沟阶状地形

图2-11　莫沟侧壁古河流水平侵蚀纹理

9 | 10
11

从今日北邙山地形模型的“水淹模拟”（图2–12）可以看出，在穀水之北，北邙山的南坡上，金水河和瀍水是发育最成熟的两组沟谷。

北魏郦道元《水经注》[1]、南朝梁顾野王《舆地志》[2]有“金谷水”之称。而东晋郭缘生《述征记》（见《太平寰宇记》引文）[3]、明代陈耀文《天中记》[4]、清嘉庆《洛阳县志》等则以“金水”之名代“金谷水”，可见“金水”与“金谷水”之通用由来已久。且“金水”直到清代仍然是一条确切存在的河流。今洛阳地图标有“金水河”（图2–13），其沟头最西端在新安县东界，主干由西向东南，其左侧有数条沟谷自北向南（或自西北向东南）汇入金水河；主干经过杨岭北侧便转而向南，汇入涧水（西晋时汇入穀水）。清嘉庆《洛阳县志》：“金水在县西三十里……金谷涧在县西八里。”[5]（清洛阳县府城在瀍水之西，涧水之东。）可见今“金水河”的位置与走向与清嘉庆《洛阳县志》“金水”无大差异。“金水河”是对古称的沿用。

瀍水发于今孟津县相留村附近，向东南行，左右有许多沟谷汇入其中，再南而入洛水（西晋时汇入穀水）。瀍水之东，大沟壑都在塬北坡，汇入黄河，塬南坡只有莫沟等几条浅表细沟。

在卫星地图上提取沟谷的横截面图（图2–14）。受限于高程数据精度有限，无法完全体现沟壑横截面细节，但仍可观其大概：

金水河所在的谷地，谷底河道宽阔，侧壁与底部没有分界，形成平缓弧线，谷地上口宽度过千米，整体深度过百米，谷底视野开阔。金水河北侧有多条深沟大谷，谷地上口宽度过五百米，以斜坡或阶梯状向底部延伸，底部宽近百米，沟底两侧常有陡峭的侧壁，侧壁高度数米到十余米不等，整体沟深近百米，实地考察马岭、胡张沟一带，可见谷壁倾斜或呈阶梯状，陂田与树林层层叠叠（图2–15～图2–20）。瀍水之东有莫沟等数条细沟，沟上口宽200～500米，沟底下切痕迹明显，沟底宽数十米，侧壁陡峭，侧壁高度自数米到20余米不等，整体沟深不足50米（图2–21～图2–23）。沟谷的截面和实地考察所见都证明，金水河道所在的沟谷相对古老，马岭、胡张沟一带其次，莫沟一带细沟形成的年代较近。

[1]（北魏）郦道元．水经注［M］//摛藻堂四库全书荟要–180册．台北：世界书局印行，1885：352.

[2]（南朝）顾野王，顾恒一等辑注．舆地志辑注［M］．上海：上海古籍出版社，2011，卷一．

[3]（宋）乐史．太平寰宇记［M］//景印文渊阁四库全书–469册．台北：台湾商务印书馆，1982：23.

[4]（明）陈耀文．天中记［M］//文渊阁四库全书–965册．台北：台湾商务印书馆，1982.

[5]（清）魏襄、陆继辂．洛阳县志［M］．嘉庆十八年版（影印本），1813.卷九，十五页、十六页．

12
—
13

◎图2-12　北邙山水淹模型

◎图2-13　地图上的金水河［来源：谷歌地图（左），自中国地图出版社，2006;《河南省地图》（审图号：豫S（2005）22号），27页（右）］

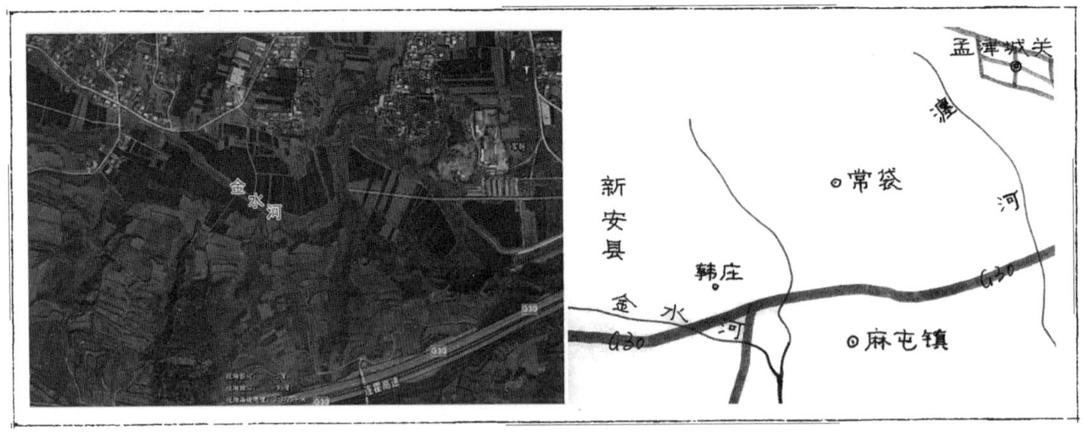

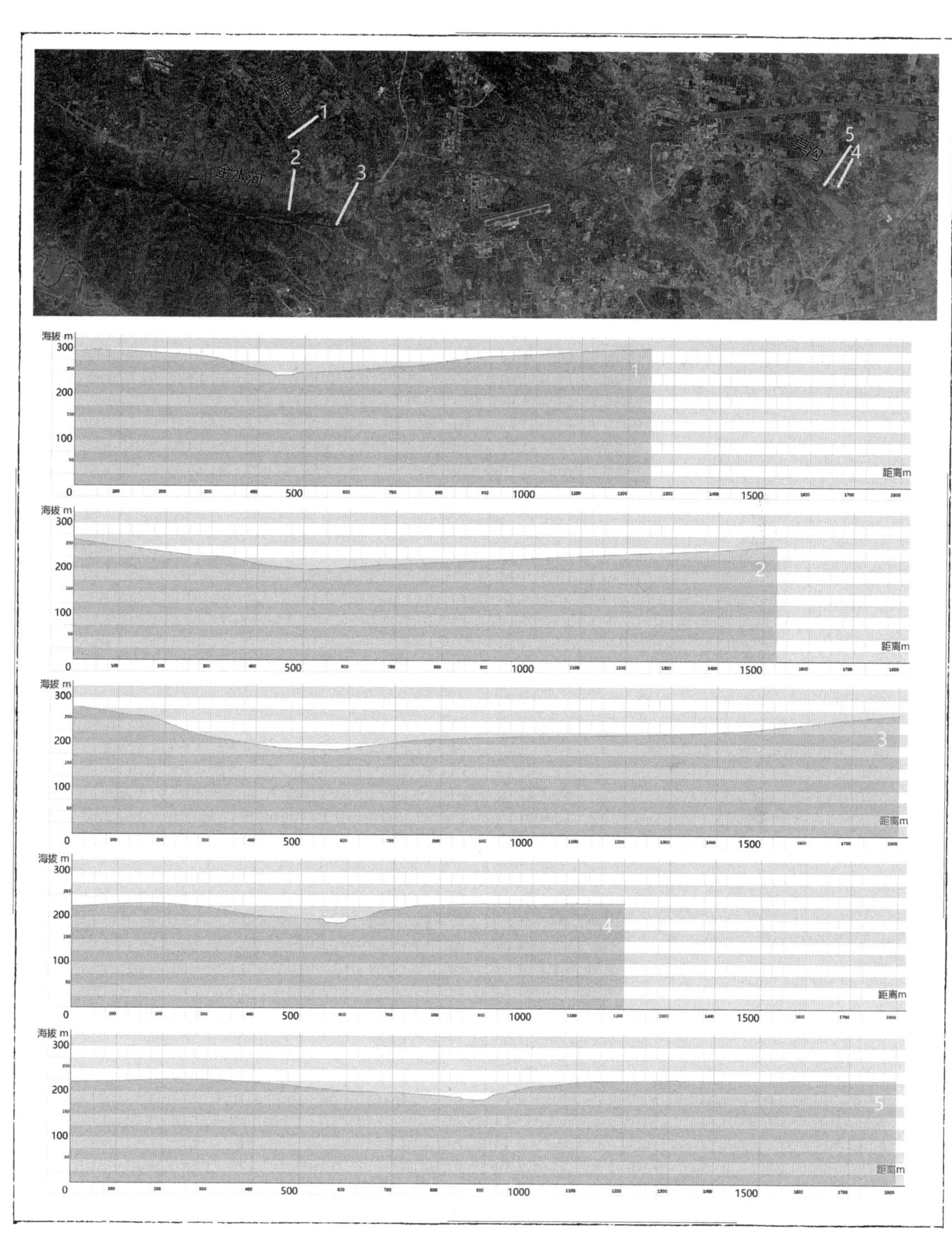


◎ 图2-14　北邙山沟谷横截面图（来源：数据来自谷歌地图）

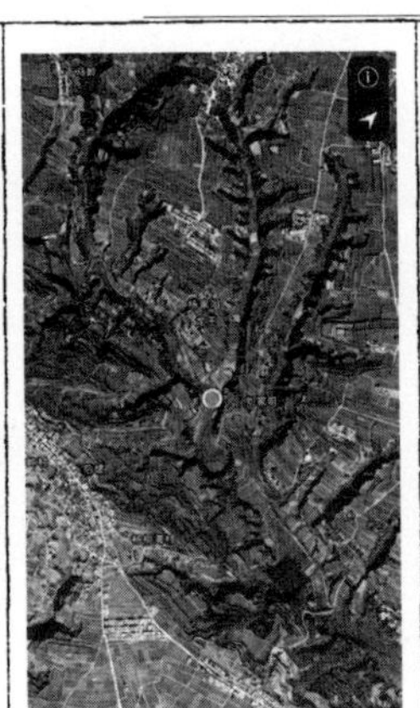

15 | 16 | 17
18 | 19

图2-15　河南洛阳孟津县马岭——刘家咀

图2-16　河南洛阳孟津县马岭——刘家咀位置图（来源：百度地图）

图2-17　河南洛阳孟津县胡张沟谷底1

图2-18　河南洛阳孟津县胡张沟1

图2-19　河南洛阳孟津县胡张沟2

20 | 21

22 | 23

◈图2-20　河南洛阳孟津县胡张沟谷底2

◈图2-21　河南洛阳孟津县莫沟

◈图2-22　河南洛阳孟津县莫沟位置图（来源：百度地图）

◈图2-23　河南洛阳孟津县莫沟谷底

## 二、金谷园位置考证

园主人石崇在《金谷诗序》中指明，金谷园在“河南县界金谷涧中，去城十里”[1]。石崇《思归叹》（也作“思归引”）中写道金谷园位于“河阳”[2]，即金谷水的北岸。“河阳”亦为地名，今孟州之古称。孟州在汉武帝时始称河阳县，隶河内郡，位于黄河北岸，同孟津区、偃师隔河相望。若《思归叹》中的“河阳”是指古代孟州一带，则《思归叹》所写就当为金谷园之外的另一处别业，这种可能性是比较小的。西晋河南县[3]治所在千金堨西，今洛阳市内，涧河东岸。1982年版《中国历史地图集》有《三国西晋司州图》附“洛阳附近”图（图2-24），标出了古城县府城、河南县府城、千金堨的位置。此图也对“金谷涧”进行了定位，但其准确性存疑，将在后文详细论述。

石崇死后二百年，郦道元在《水经注》卷十六中记述“穀水”时提及“金谷水”和“金谷园”：“穀水出千崤东马头山穀阳谷，东北流，历黾池川……穀水又东，迳新安县故城……迳函谷关南……迳函谷关城东……穀水又东，涧水注之……俞随之水注之……东北过穀城县北……河南王城西北，穀水之右有石碛，碛南出为死穀，北出为湖沟……造沟以通水，东西十里，决湖以注瀍水……迳河南王城北，所谓成周矣……东至千金堨……穀水又东，又结石梁，跨水制城，西梁也……穀水又东，左会金谷水；（金谷）水出太白原，东南流，历金谷，谓之金谷水；

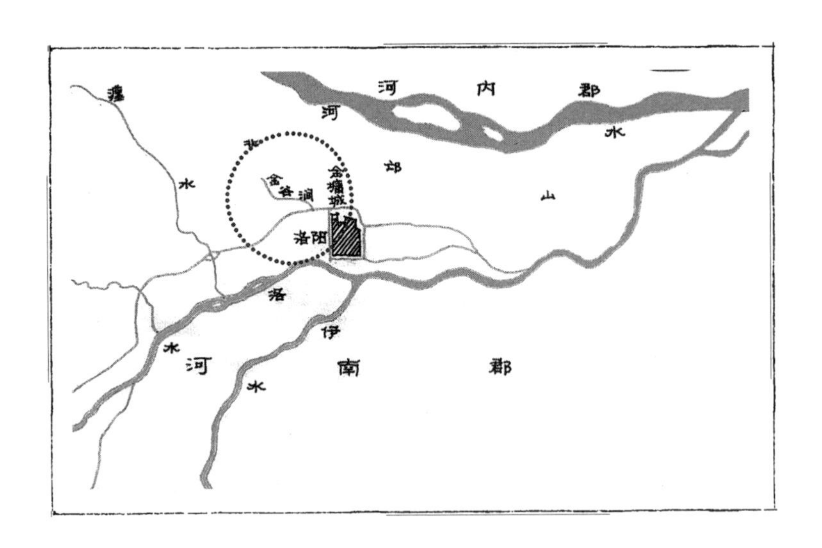


◎图2-24　金谷涧位置示意图（来源：参考《中国历史地图集》第三册　洛阳附近　改绘）

[1]（晋）石崇．金谷诗序［M］//续修四库全书-1605册．（清）严可均辑．全上古三代秦汉三国六朝文（已上卷三十二）．全晋文．上海：上海古籍出版社，1999：228.

[2]（晋）石崇．思归叹［M］//续修四库全书-1605册．（清）严可均辑．全上古三代秦汉三国六朝文（已上卷三十二）．全晋文．上海：上海古籍出版社，2009：227.

[3] 河南县，秦置，属三川郡，治所在今河南洛阳市西涧水东岸；西汉属司州河南郡；西晋沿用，西汉末废；东晋义熙末复置，后屡经变迁，至金废。河南郡,泰始、咸宁年间（公元265年～公元280年），废偃师入洛阳，谷城入河南，增置新安，河南郡辖有洛阳、巩、河阴、成皋、缑氏、新城、偃师、梁、新郑、谷城、陆浑、阳城、阳翟、新安共14县。

东南流，迳晋卫尉卿石崇之故居也……金谷水又东南流，入于穀；穀水又东，迳金墉城北……”[1]

《太平寰宇记》引东晋郭缘生《述征记》云“金谷，谷也，地有金水，自太白原南，流经此谷，晋卫尉石崇因即川阜而造制园馆……”[2]

“芒山”即“邙山”，也称“北邙”，是崤山北端余脉，东西绵亘一百九十公里，海拔约250～350米。

“金谷水”发源于北邙太白原，流经金谷而汇入穀水。[3]

“太白原”是金谷水的发源地。宋代乐史《太平寰宇记》卷三“河南县”中记：“太白原，其原邙山之异阜也，在县西北六十八里。”[4]此处的“县”是宋代河南县府治[5]，“晋及后魏皆理于今苑城东北隅……隋大业二年又移于今洛城内宽正坊，即今理所也……洛水在县北四里，伊水在县东南十八里，瀍水在县西北六十里”[6]，可见宋代河南县府治的位置在隋唐洛阳城内，位于魏晋洛阳城以西，洛水、伊水之间。北宋六十八里（约合今32公里）[7]。“瀍水在县西北六十里”，“太白原……在县西北六十八里”，“西北”的方向描述不足以分辨太白原和瀍水的关系。瀍水入洛水处在宋代洛阳城内，“瀍水在县西北六十里”指“瀍源”在县西北六十里似更为合理。太白原则有可能与瀍源位置相近。

《水经注》记载：“瀍水出河南谷城县北山；县北有潜亭，瀍水出其北梓泽中；梓泽，地名也，泽北对原阜，即裴氏墓茔所在，碑阙存焉；其水历泽，东南流；水西有一原，其上平敞，古赞亭之处也；即潘安仁《西征赋》所谓越街邮者也……东与千金渠合。”[8]古今瀍水河道似无大改，其源头又有确切记载。清康熙四十七年《孟津县志》卷一记：“穀城，即穀城山，瀍水之源……今在县西六十里相留川……”[9]当时的洛阳县府城在瀍水之西，涧水之东，洛水之北。嘉庆版《洛阳县志》图考，有《洛阳县境全图》，可以作为洛阳县府城位置的参考（图2-25）。今有“相留村”，即沿用“相留川”旧名，在横水镇东8公里。今洛阳北孟津县有瀍河，为古瀍水之名的沿用。但今瀍河下游之河道并非瀍水故道，依《水经注》，瀍水在千金堨以东入穀水。考古勘察所确定的千金堨的位置在今瀍河下游之东，此段河道原是穀水向南入洛水的分支，只是后来隋唐洛阳城北由西向东的穀水道消失，瀍水由此南下入洛水。瀍水有“源”，即其成于山泉，又有地表径流注入，汇聚成河——这也是北邙

❶（北魏）郦道元．水经注［M］//摛藻堂四库全书荟要-180册．台北：世界书局印行，1885：352.

❷（宋）乐史．太平寰宇记［M］//文渊阁四库全书469册．台北：台湾商务印书馆，1982：23.

❸《水经注》中还有另一处“金谷水”——《水经注》引《山海经》曰：“淇水出沮洳山……又东北，沾水注之，水出壶关县东沾台下……与金谷水合；金谷即沾台之西溪也，东北会沾水，又东流注淇水……”壶关之沾水在现山西上党，距洛阳东北约180公里，因此，引文《山海经》提到的“金谷水”并非金谷园所在。

❹（宋）乐史．太平寰宇记［M］//文渊阁四库全书469册．台北：台湾商务印书馆，1982：23.

❺河南县，秦置，属三川郡，治所在今河南洛阳市西涧水东岸；西汉属司州河南郡；西晋沿用，西汉末废；东晋义熙末复置，后屡经变迁，至金废。“晋及后魏皆理于今苑城东北隅……隋大业二年又移于今洛城内宽正坊，即今理所也……洛水在县北四里，伊水在县东南十八里，瀍水在县西北六十里”（宋史乐《太平寰宇记》）。

❻（宋）乐史．太平寰宇记［M］//文渊阁四库全书469册．台北：台湾商务印书馆，1982：22.

❼宋官尺约长31.4厘米，五尺为步约合1.57米，一里约合471米。则宋六十八里约32000米，32公里。

❽（北魏）郦道元．水经注［M］//摛藻堂四库全书荟要-180册．台北：世界书局印行，1885：349.

❾（清）孟常裕、徐元璨．孟津县志［M］．清康熙四十七年版（影印本），1708.

山大部分水道形成的方式。在康熙《孟津县志》卷一图考中有《孟津县总图》，示瀍源在孟津县城西（图2-26）。

《水经注》通篇未曾出现“金水”之称；依其描述，金谷水在千金堨和瀍水以东汇入穀水。东晋郭缘生《述征记》将流经金谷的河流称“金水”，

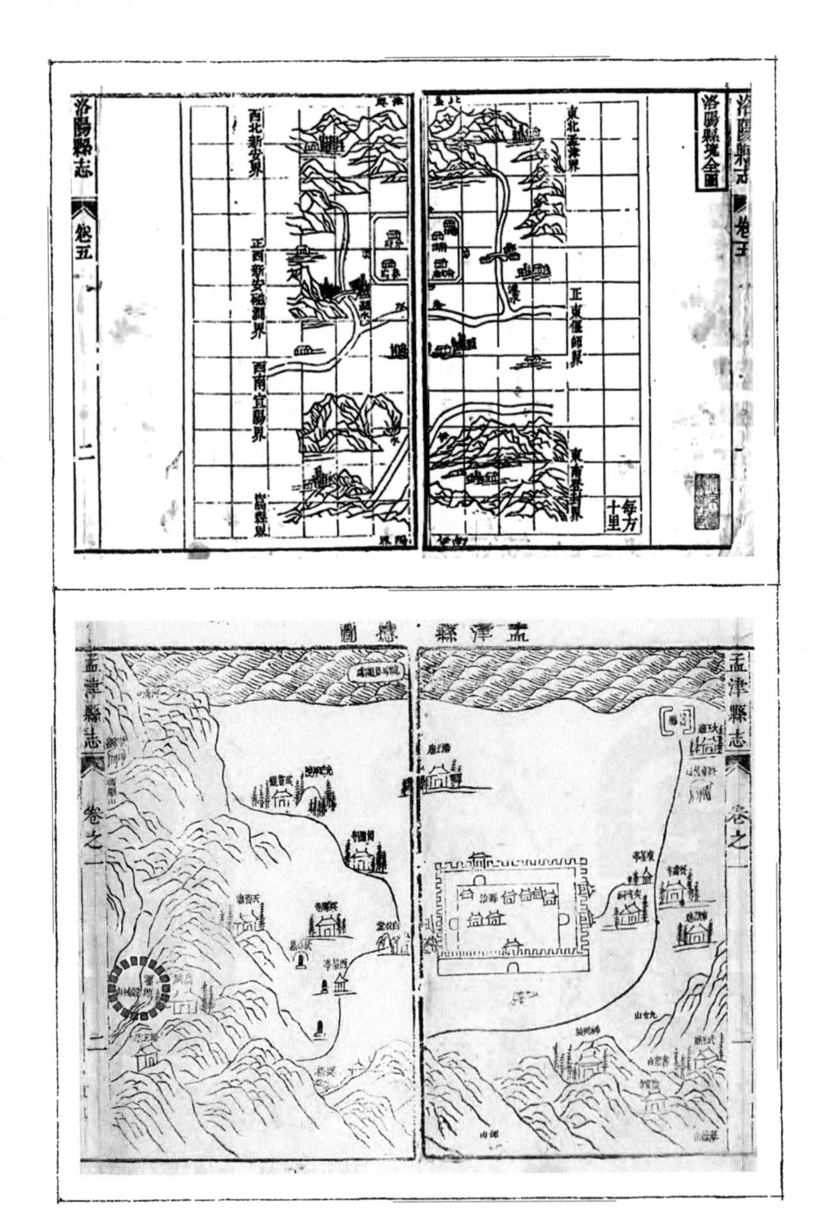


25
—
26

图2-25　洛阳县境全图（来源：嘉庆《洛阳县志》）

图2-26　《孟津县总图》瀍源和穀城山（来源：康熙《孟津县志》）

并且是目前发现的最早以“金水”来命名这条河流的古籍。南朝梁顾野王《舆地志》云：“金水始自太白原东南，经金谷”[1]，是把“金水”与“金谷水”当作同一条河流。明代陈耀文《天中记》中也是把金谷水称为“金水”。

清嘉庆魏襄、陆继恪编纂的《洛阳县志》曰：“金水在县西三十里……金谷涧在县西八里。”[2]引用《水经注》时，错将“金谷水”抄录为“金水”，盖因之前的多部古籍确实已将二者混用。今孟津县麻屯镇霍村东有“金水河”，约在清嘉庆洛阳县城西北三十里，与嘉庆《洛阳县志》中所记述的“金水”相符合。金水河汇入穀水的位置，在千金堨西约二十公里，与《水经注》对“金谷水”在千金堨东注入穀水的描述不符合。对于这种差异，清嘉庆《洛阳县志》认为：“石渠下乃曰，又东左会金谷水；金谷水在今府城西北，引穀水过河南城北之上，二水已会为一，不得越瀍沟数十里方入谷也，郦注乃错简耳……金谷涧在县西八里，石崇金谷园在其中。”[3]——这种说法是基于金水河在清嘉庆年间的实际存在。此外，实地的地貌特征也支持这种观点。《水经注》在写穀水时，自西向东，依次写瀍水在千金堨之西注入穀水，金谷水在千金堨之东注入穀水，即金谷水在瀍水之东。而实地的地貌显示，在千金堨和瀍水之东，大沟壑都为自东北向西南走向，而自西北向东南走向的沟壑，只有几条尚处于发育早期的浅表细沟。而金谷水形成的年代较为久远，其遗迹不会是细沟。发育阶段与西晋的历史时期相符合的深沟宽谷都在瀍水之西。因此，《水经注》在此处的记载很可能出现了偏差，而嘉庆《洛阳县志》此处的勘误较有说服力。

《水经注》对穀水的发源地和路径有详细的记载：穀水出自弘农郡马头山穀阳谷，向东北过黾池川（今渑池县），迳函谷关南，转东北，又转东，蜿蜒过河南县北，迳故周王城址北，过千金堨（遗址在隋唐洛阳城北境，堨东称千金渠），又东经汉魏洛阳城址北，再东南入于洛水[4]。《水经注》中“某谷水”的记载有二百余处，如“李谷水”“直谷水”“尖谷水”等，与“穀水”之“穀”有明显差别（图2-27）。虽然在现代汉语中“谷”是“穀”的简体字，但在古汉语中，二者有各自特定的意义。因此，不应将“穀水”与“谷水”混淆。嘉庆《洛阳县志》卷九对“谷水”有记载：“谷口山在县西南三十里，谷水出焉。”[5]即谷水的源头谷口山，在清代洛阳城西南约13公里处。而《水经注》记载，穀水源头在弘农郡马头山。弘农郡为汉武帝设立，治所在今河南三门峡市。今三门峡市西山，仍沿用“马头山”之名，距洛阳约60公里。因此，“穀水”非“谷水”。但今“穀水”与“谷水”常被混用。比如，中国地图出版社1982版的《中国历史地图集》（第三册）三国西晋时期司洲图中将“穀水”注为“谷水”。

今新安县境内有“涧河”，其发源地与路径都基本符合《水经注》对于穀水的描述，可以推断今日新安县内“涧河”即为“穀水”中上游段。《水经注》记：“《山海经》曰，婁涿山西四十里曰白石之山，涧水出焉，北流注于穀……自下通为涧水，为穀水之兼称焉。”[6]可见北魏时期“涧水”已经作为“穀水”中下游的兼称。今穀水下游河道已

[1]（南朝）顾野王．舆地志辑注［M］．顾恒一等辑注．上海：上海古籍出版社，2011，卷一．

[2]（清）魏襄，陆继辂．洛阳县志［M］．嘉庆十八年版（影印本），1813：卷九，十五页、十六页．

[3]（清）魏襄，陆继辂．洛阳县志［M］．嘉庆十八年版（影印本），1813：卷三十七，八页．

[4]（北魏）郦道元．水经注［M］//摛藻堂四库全书荟要-180册．台北：世界书局印行，1885：352.

[5]（清）魏襄、陆继辂．洛阳县志［M］．嘉庆十八年版（影印本）．1813，卷九，三页．

[6]（北魏）郦道元．水经注［M］//摛藻堂四库全书荟要-180册．台北：世界书局印行，1885：354.

干涸或弃用，涧河入孟津县界便向南注入洛河。《水经注》引《左传》：“左传襄公二十五年，齐人城郏穆叔如周，贺韦昭曰，洛水在王城南，穀水在王城北，东入于瀍，至灵王时，穀水盛，出于王城西，而南流合于洛，两水相格有似于斗，而毁王城西南也。”[1]从这段文字可知，在周王城西，穀水与洛水之间的水脉联系，在先秦时期就已经存在。因此，今涧河向南注入洛水的河道，也是一段古老的河道。

当代的考古工作，明确了汉魏洛阳城址的位置，其北侧谷地，即为穀水古河道的下游一段。2011年，穀水在隋唐洛阳城址内及其附近的河道遗迹被发掘。（图2–27）

综上所述，穀水的源头和路径都有据可查，即便千余年间或有河水改道，其大体走势不变，定位基本清晰。

千金堨是东汉时期的水利设施，曹魏时期重修并命名为“千金堨”。《水经注》记载：“《河南十二县境簿》曰，河南县城东十五里有千金堨；《洛阳记》曰，千金堨旧堰穀水，魏时更修此堰，谓之千金堨；积石为堨，而开沟渠五所，谓之五龙渠……盖魏明帝修王、张故绩也；堨是都水使者陈协所修也。”[2]穀水和涧水都是季节性河，旱季水量较少，修建千金堨的目的是阻止穀水直接向南流入洛水，以便有充足的水源引入洛阳城，同时缓解城南洛河水患。此后，魏、晋、北魏都曾

[1]（北魏）郦道元．水经注［M］//摛藻堂四库全书荟要–180册．台北：世界书局印行，1885：355.

[2] 同[1].

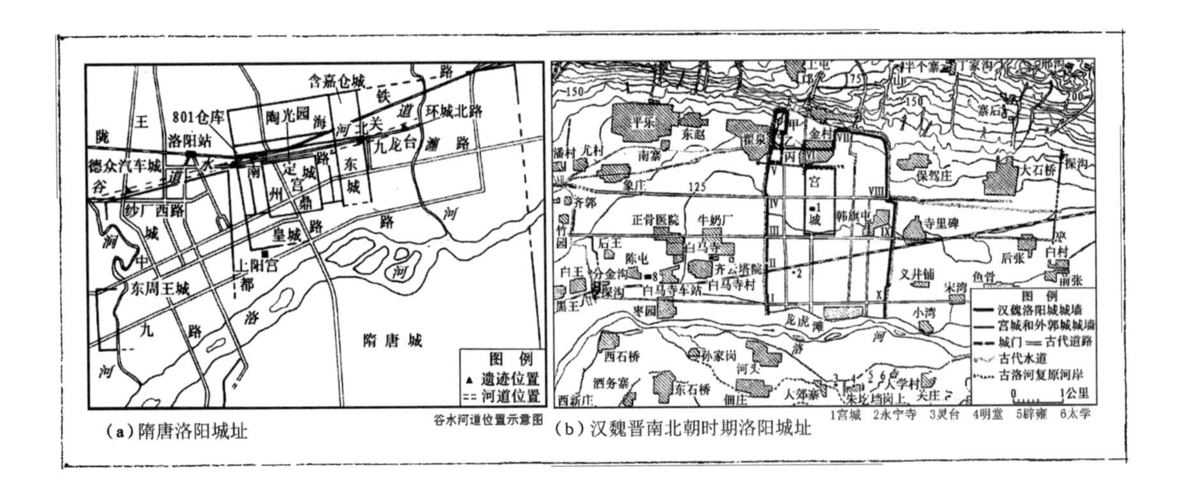


图2–27 魏晋洛阳城、隋唐洛阳城与其周边古水道的考古发现

（a）北魏洛阳城与穀水故道 自中国社会科学院考古研究所洛阳汉魏城工作队《北魏洛阳外郭城和水道的勘察》（《考古》，1993，07）

（b）隋唐洛阳城与“谷水”古道 自王炬《谷水与洛阳诸城址的关系初探》（《考古》，2011–10）图中“谷水”即指《水经注》所称“穀水”

对千金堨进行重修或修整。2014年，洛阳市文物考古研究院的考古队曾对汉唐洛阳漕运水系进行勘探，确定了汉魏千金堨位于今洛阳一中附近。[1]

这里特别关注了千金堨的定位，是因为它同瀍水的位置直接相关，而瀍水与梓泽相关。《晋书》中对金谷园的定位是“崇有别馆在河阳之金谷，一名梓泽”[2]。唐修《晋书》成书于贞观二十年（公元646年）至贞观二十二年（公元648年），是石崇死后三百多年。

据“瀍水出其北梓泽中”，“瀍水出河南谷城县北山”[3]，推测梓泽在河南谷城县[4]北山。考古发掘已经确定裴氏墓在今孟津县横水镇会瀍村，因此，梓泽的位置可以确定是位于会瀍村之南，此处土塬平阔，正符合瀍水“历泽，东南流；水西有一原，其上平敞”[5]的描述。瀍水历梓泽东南境，并在千金堨之西注入穀水。

金谷水和瀍水同出北邙，东南流，而注于穀水。在《水经注》中，金谷水和瀍水是两条相互独立、流向相似、没有交叉的河流。金谷园在金谷水北岸。瀍水自梓泽东界（今相留村）向南而出。瀍水河道较为确定，梓泽的位置也有迹可循，因此，明确梓泽、金谷水和瀍水三者的关系，有助于推测金谷园的位置。

整理并罗列古人相关记述如下：

石崇在《金谷诗序》中写道，金谷园在“河南县界金谷涧中，去城十里”[6]。《金谷诗序》中“去城十里”指的又是哪一座城呢？西晋时期的“里”，约为432米[7]，则“十里”也不过4.2公里——步行一小时的路程。当然这里的“十里”也有可能是虚数。西晋洛阳城，在今翟泉村和白马寺以东，距离瀍水之西的东南向沟壑超过20公里。北魏地理学家郦道元《水经注》记：“穀水又东流，迳乾祭门北……东至千金堨；《河南十二县境簿》曰：河南县城东十五里有千金堨。”[8]乾祭门是东周王城北门；河南县城位于千金堨之西十五里。西晋以前，在河南县北为谷城县；西晋时谷城县并入河南县，原有谷城县府城在河南县府城之西北。若金谷园在瀍水之西，距金谷园十里的“城”，最可能是故魏谷城县府城；若金谷园在瀍水之东，距金谷园十里的“城”，则当指魏晋洛阳城。魏谷城县府城西北十里，为霍村、韩庄村一带，为胡张沟汇金水河处。晋洛阳故城向西六里，为凤台村、莫家沟村一带，有莫沟。

潘岳《金谷集作诗一首》。诗中有“何以叙离思，携手游郊畿；朝发晋京阳，夕次金谷湄”[9]。《周礼·夏官·职方氏》载：“方千里曰王畿。”[10]京城郊外王畿之地称“郊畿”，王畿方千里。人步行平均速度，或者马车、牛车常态行进的速度，都约为每小时4～5公里。既然是“朝发”“夕次”的整日行程，达官贵人们更可能是骑马，或乘坐马车、牛车。上午从西晋京城洛阳出发，傍晚才能到达金谷水之滨。假如中途只短暂休息，则行进的时长约7～8个小时，那么金谷园距离魏晋洛阳约30公里（合晋六十余里）。（这个推测恰符合宋叶庭珪撰《海录碎事》记

[1] 史家珍，赵晓军．洛阳市文物考古研究院．河南洛阳运河一号、二号古沉船发掘与汉唐漕运水系调查［EB/OL］．中国文物信息网（2015-03-03）．http://www.kaogu.cn/cn/xccz/20150303/49422.html.

[2]（唐）房玄龄．晋书［M］//摛藻堂四库全书荟要-98册．台北：世界书局印行．1885.卷三十三，列传第三,二十六页．

[3]（北魏）郦道元．水经注［M］//摛藻堂四库全书荟要-180册．台北：世界书局印行，1885：349.

[4] 谷城县，为东汉县置，属河南尹，西晋废，治所在今河南洛阳市西北。

[5]（北魏）郦道元．水经注［M］//摛藻堂四库全书荟要-180册．台北：世界书局印行，1885：349.

[6]（晋）石崇．金谷诗序［M］//续修四库全书-1605册．（清）严可均辑．全上古三代秦汉三国六朝文（已上卷三十二）．全晋文．上海：上海古籍出版社，1999：228.

[7] 西晋时，三百步为一里，六尺为一步。西汉《谷梁传》曰：“古者三百步为里”；成书于魏晋时期的《孙子算经》曰：“三百步为一里”；《汉书　食货志》曰：“六尺为步，步百为亩，亩百为夫，夫三为屋，屋三为井，井方一里，是为九夫；八家共之，各受私田百亩，公田十亩，是为八百八十亩，余二十亩以为庐舍。”晋一尺约为0.24米。据以上制度推算，一里合1800尺，一里约为432米。

[8]（北魏）郦道元．水经注［M］//摛藻堂四库全书荟要-180册．台北：世界书局印行，1885：352.

[9]（西晋）潘岳．金谷集作诗一首．(梁）萧统，(唐）李善．文选［M］//景印文渊阁四库全书-1329册．台北：台湾商务印书馆，1982：361.

[10]（汉）佚名，周礼［M］．徐正英等注．北京：中华书局，2014.

"梓泽去洛城六十里，石崇金谷也"[1]的说法，也符合明陈耀文《天中记》"梓泽在王城西北三十里，与金谷相近"[2]的描述。）

北魏郦道元《水经注》记金谷水"出太白原，东南流，历金谷……东南流，迳晋卫尉卿石崇之故居也……"[3]并在千金堨和瀍水以东汇入穀水。（清代魏襄、陆继辂《洛阳县志》认为郦道元对金谷水入穀水位置的记录有误。）

南朝梁顾野王撰《舆地志》云："梓泽在王城西北三十里，与金谷相近……参观诸说，知金谷水历梓泽东境，瀍水则出梓泽西境耳。"[4]王城，即东周王城，遗址在瀍水西南。"梓泽在王城西北三十里"，则瀍水在梓泽之东，与"瀍水则出梓泽西境耳"自相矛盾。《舆地志》成书在《水经注》后二百年，为地理书钞，而非实地考证的著作；而且宋代后佚，今本为后人辑佚而成；以上两点降低了《舆地志》的可信性。

唐修《晋书》记载："崇有别馆在河阳之金谷，一名梓泽，送者倾都，帐饮于此焉。"[5]是将金谷园与梓泽看作一处。《晋书》云："及惠帝复祚，诏以卿礼葬之。"[6]《通志》云："墓在河南府城北邙山。"凤台村东北，东山头村南有尉冢，被疑为晋卫尉石崇墓。两千年来，邙山为帝王贵胄和平民商贾都趋之若鹜的陵区。因此，石崇墓的位置并不能作为定位金谷园的证据。

宋代以后，由于遗迹湮灭，年代久远，关于梓泽和金谷园的位置众说纷纭。

宋叶庭珪撰《海录碎事》记："梓泽去洛城六十里，石崇金谷也。"[7]并未明确金谷园与宋洛阳城的相对方位，也将金谷园与梓泽看作一处。《海录碎事》为读书笔记，此处"洛城"未必指宋代洛阳，也可能指魏晋洛阳。

宋乐史《太平寰宇记》卷三，引东晋郭缘生《述征记》云："金谷，谷也，地有金水自太白原南流经此谷；晋卫尉石崇因即川阜而造制园馆……"[8]若引文无误，则晋时已经有"金水"之称，金水经金谷而称"金谷水"。

明陈耀文《天中记》云："梓泽在王城西北三十里，与金谷相近；梓泽即金谷也，有金水出焉，故谓之金谷；晋石季伦别墅在焉。"[9]也将金谷园与梓泽当作同一处。"梓泽在王城西北三十里，与金谷相近"则似引

[1]（宋）叶庭珪．海录碎事［M］//景印文渊阁四库全书-921册．台北：台湾商务印书馆，1982.

[2]（明）陈耀文．天中记［M］//景印文渊阁四库全书-965册．台北：台湾商务印书馆，1982.

[3]（北魏）郦道元．水经注［M］//摛藻堂四库全书荟要-180册．台北：世界书局印行，1885：352.

[4]（南朝）顾野王．舆地志辑注［M］．顾恒一等辑注．上海：上海古籍出版社，2011，卷一．

[5]（唐）房玄龄等．晋书［M］//景印文渊阁四库全书-255册．台北：台湾商务印书馆，1982：604-605.

[6]（唐）房玄龄等．晋书［M］//景印文渊阁四库全书-255册．台北：台湾商务印书馆，1982：607.

[7]（宋）叶庭珪．海录碎事［M］//景印文渊阁四库全书-921册．台北：台湾商务印书馆，1982.

[8]（宋）乐史．太平寰宇记［M］//景印文渊阁四库全书-469册．台北：台湾商务印书馆，1982：23.

[9]（明）陈耀文．天中记［M］//景印文渊阁四库全书-965册．台北：台湾商务印书馆，1982.

用自《舆地志》。

清嘉庆十八年《洛阳县志》记："金谷谓之金水，东南流，迳晋卫尉卿石崇之故居也，自新安县界入本县境，合穀涧同流；案，晋石崇园名金谷涧以此，旧志'隋炀帝都洛引续皇城始名金水'似误……金谷涧在县西八里；石崇金谷诗序有别庐在河南县界金谷涧中……"[1]清嘉庆，洛阳县在涧水之东，瀍水之西，洛水之北，穀水旧道之南。嘉庆《洛阳县志》对旧志中"金水"之名源起的记载提出质疑，并将金谷园定位在瀍水之西，洛阳县城西北八里，认为"金水"即西晋"金谷水"。同时，嘉庆《洛阳县志》对《水经注》所注金谷水进行勘误："石渠下乃曰，又东左会金谷水；金谷水在今府城西北，引穀水过河南城北之上，二水已会为一，不得越瀍沟数十里方入谷也，郦注乃错简耳……金谷涧在县西八里，石崇金谷园在其中。"[2]认为金谷水入穀水处在瀍水之东。

李根柱《金谷园遗址新考》根据"金谷水历梓泽东境，瀍水则出梓泽西境"，推断"太白原就是梓泽东境"[3]，又将梓泽定位于瀍水之西的孟津县横水镇东南，其对金谷水、梓泽、瀍水三者相对关系的判断有矛盾之处。

1982年版《中国历史地图集》（第三册）之《魏晋司州·魏晋洛阳附近》，图中将金谷涧定位于瀍水之东，金庸城西约4公里。（图2–24）

人民出版社1991年版的《孟津县志》认为梓泽和金谷园为石崇的两处别业："梓泽是晋石崇别墅，遗址在横水县会瀍村（古称辉嶂沟）……金谷园是晋石崇别墅……遗址在今送庄乡凤台村西南古金谷水流经的河谷中"[4]。

关于金谷园定位的各家之言，主要集中在两个问题上：其一，金谷园与梓泽的关系；其二，金谷水与瀍水的相对位置。

## （一）金谷园与梓泽

《水经注》记载："瀍水出其北梓泽中……泽北对原阜，即裴氏墓茔所在……其水历泽，东南流；水西有一原，其上平敞……"[5]古今瀍水河道上游及中游无大改，其源头又有确切记载。康熙《孟津县志》记载："穀城，即穀城山，瀍水之源……今在县西六十里相留川……"[6]可知瀍源在梓泽内，今相留村即瀍源。因此，梓泽的大致位置是可知的，但其范围边界难以界定。

石崇的《思归叹》和《金谷诗序》里没有提到瀍水或梓泽。《水经注》也没有在记"瀍水出其北梓泽中"[7]时提到金谷园或是石崇的别墅；而是在记录穀水和金谷水时提及金谷园。其他古代著作将梓泽与金谷园看作同一处，或认为二者相近。因此，金谷园可能在梓泽附近。

认为石崇在北邙山有两处别墅的观点则不可信。各种古代文献中都未见石崇在洛阳附近有（金谷园之外的）另一别墅的记录。而追求身名俱泰，富豪骄奢，又善于舞文弄墨的石崇，断然不甘心使其某处别墅默然无名。因此，石崇在北邙山有两处别墅的可能性很小。

[1]（清）魏襄、陆继辂．洛阳县志［M］．嘉庆十八年版（影印本），1813，卷九：16．

[2]（清）魏襄、陆继辂．洛阳县志［M］．嘉庆十八年版（影印本），1813.卷三十七：8．

[3] 李根柱．金谷园遗址新考［J］．洛阳理工学院学报．洛阳：洛阳理工学院，2011（08）．

[4] 孟津县史志编纂委员会．孟津县志［M］．郑州：河南人民出版社，1991：602．

[5]（北魏）郦道元．水经注［M］//摛藻堂四库全书荟要-180册．台北：世界书局印行，1885：349．

[6]（清）孟常裕,徐元璨．孟津县志［M］．清康熙四十七年版（影印本），1708．

[7] 同[6].

## （二）金谷水与瀍水

金谷水发源于太白原，瀍水发源于穀城山（相留川），二者皆东南流，汇入穀水；二者无交叉。如前文所述，虽然太白原与瀍源位置均在“宋河南县西北六十里”，却无法凭此确定二者的相对位置。金谷园在金谷涧中，在金谷水北岸。历代学者对金谷园（金谷涧）的定位，可以归结为两类：其一，金谷园在瀍水之东凤台村、莫沟一带东南走向的沟谷中——北魏郦道元《水经注》、人民出版社1991年版《孟津县志》、中国地图出版社1982年版的《中国历史地图集》第三册“西晋-司洲-魏晋洛阳附近”图都持这一观点；其二，金谷园在瀍水之西的沟壑地带——南朝梁顾野王《舆地志》，宋叶庭珪《海录碎事》，清魏襄、陆继辂《洛阳县志》，李根柱《金谷园遗址新考》均持这一观点。

在诸多文献中，最可信的，当属石崇和潘岳留下的只言片语——金谷园（金谷涧）的位置既“去城十里”[1]，又要符合“朝发晋京阳，夕次金谷湄”[2]，则“去城十里”的“城”并不是指洛阳城。位于瀍水西侧的故魏谷城县府城（或河南县府城）更符合石崇的描述。

《晋书》记载石崇在金谷园设“锦步障五十里”，“锦障逶迤，亘以山川之外”[3]，其所围合的范围当属金谷园范围，推断锦步障的作用大概是划定金谷园的边界。锦步障长五十里，大致可以推知所围的庄园面积约合今3000公顷，即约为5000米×6000米的范围。（具体论述见“2.5.2金谷园的面积和农业生产景观”一节。）今日凤台村东南的莫沟总长不足3000米，横截面北坡宽度约0.3公里，显然与金谷园的体量不相当。在瀍河东侧，东南走向的沟谷只有几条细沟，莫沟已是其中最大的一条。而在瀍河西侧，由西北向东南的沟谷密布，其中最深长宽阔的便是“金水河”所在的沟谷，在其北侧还有另两条长度5公里以上的深沟大壑。从地形条件上来看，瀍河西侧，金水河谷北坡（及其北侧沟谷）更符合金谷园的体量要求。

实地考察所见，也能明显分辨出瀍水东西两侧沟谷发育的差异。莫沟总深不足50米，沟底旧河道侧壁陡峭，横截面近似“U”形，10米高处尚有水平水蚀纹理，是较年轻的细沟。金水河、霍村、胡张沟一带，沟深谷阔，总深百米以上，多数侧壁与沟底平缓过度，横截面呈现阶梯形或弧形，是典型的发育成熟的坳沟。坳沟的局部也有陡直的侧壁和深落的谷底，布满植被和风雨侵蚀的痕迹，是冲沟生长发育的遗迹。在1700年前就能容纳数千公顷庄园的沟壑，应当是金水河一带发育较为成熟的坳沟与冲沟。同时，坳沟与冲沟的阶梯样地形，也更便于人利用和安全地攀登，比如建造建筑和组织院落，也适合宾主“昼夜游晏，屡迁其坐，或登高临下，或列坐水滨”[4]的活动需求。

综上所述，金谷园位于今金水河北侧坡地及沟谷地区的可能性较大。

笔者将太白原、梓泽、金谷涧、瀍水的相对关系和金谷园的定位推测绘为示意图（见章后插页）。

[1]（晋）石崇．金谷诗序［M］//续修四库全书-1605册．（清）严可均辑．全上古三代秦汉三国六朝文（已上卷三十二）．全晋文．上海：上海古籍出版社，1999：228.

[2]（西晋）潘岳撰．金谷集作诗一首．（梁）萧统辑，（唐）李善注．文选［M］//景印文渊阁四库全书-1329册．台北：台湾商务印书馆，1982：361.

[3]（唐）房玄龄等．晋书［M］//景印文渊阁四库全书-255册．台北：台湾商务印书馆，1982：606.

[4]（西晋）石崇．金谷诗序［M］．续修四库全书-1605册．（清）严可均辑．全上古三代秦汉三国六朝文（已上卷三十二）．全晋文．上海：上海古籍出版社，2002：228.

## 三、金古园相关古代文字文献

关于金谷园最重要的文献，是石崇撰写的《金谷诗序》和《思归叹》（也作“思归引”），笔者取收录于清代严可均辑《全上古三代秦汉三国六朝文·全晋文》中的版本。《全晋文》中也收录了石崇的其他文章，比如《自理表》《许巢论》《奴券》等，以及“二十四友”中其他成员的诗、赋、文章，是研究以石崇、潘岳、刘坤等为代表的典型西晋士人的思想和社交生活的重要文字资料。《全晋文》所辑部分内容来自南朝梁萧统所编《昭明文选》。《文选》中除完整收录潘岳《金谷集作诗》外，还可在他人诗赋中找到一些被引用的金谷园诗残句。南朝梁孝元帝萧绎所撰《金楼子》中也可以找到一些与金谷雅集相关的笔记。北魏郦道元撰《水经注》、南朝宋刘义庆编《世说新语·品藻》，都引用了《金谷诗序》。《水经注》从地理学的角度，提供了金谷园定位的线索，由此可以了解金谷园所处的自然环境。《世说新语》描述了石崇的生活片段和六朝时期士人阶层的生活状况。唐修《晋书》对石崇的生平、他在金谷园中的生活和“二十四友”中的部分人物有所记述，特别是记录了西晋时动荡的政治局势和腐朽奢靡的社会风气，是研究金谷园、石崇及其时代背景的重要资料。北宋乐史撰《绿珠传》和李昉《太平广记·妇人·五十六》所收《王子年拾遗记》中的《石崇婢翾风》，都为宋代传奇作品，限于体裁和写作年代而仅作参考。

与金谷园相关的重要文献资料，收录于《附录一》。

下文主要就石崇《金谷诗序》《思归叹》、潘岳《金谷集作诗》《晋书》及《世说新语》相关片段进行简要讨论。

### （一）金谷诗序（晋）石崇

原文见《附录一》。

《金谷诗序》写于西晋元康六年（公元297年），石崇四十六岁时。当时，金谷园已经建成，而石崇“为使持节、监青徐诸军事、征虏将军”[1]，仕途尚且顺利，但他已经表达出“感性命之不永，惧凋落之无期”的伤感情怀——这缘于魏晋时期篡弑相继、动乱无息、礼崩乐坏的动荡局面带给士人的对命运难以掌控的无力感和对生命疏忽而逝的恐惧。

关于“别庐在河南县界金谷涧中，去城十里”[2]的位置考证，见于前文，这里不再赘述。文中描述了金谷园的自然地形、植被、物产、禽畜、建筑。从谷底到丘岗，清泉萦绕，天然茂林中，间杂果树、草药、竹柏，既有野生也有人工种植。“金田”这里指肥沃的耕田。汉代“十顷”[3]约为今46公顷，文中“十顷”可能为虚数。陂田沿河谷两侧山坡形成阶梯状。鱼池可以围河而成，或汇山泉而成，星星点点散落林侧田间。《晋

[1]（晋）石崇．金谷诗序［M］//续修四库全书-1605册．（清）严可均辑．全上古三代秦汉三国六朝文（已上卷三十二）．全晋文．上海：上海古籍出版社，1999：228.

[2]（晋）石崇．金谷诗序［M］//续修四库全书-1605册．（清）严可均辑．全上古三代秦汉三国六朝文（已上卷三十二）．全晋文．上海：上海古籍出版社，1999：228.

[3] 顷，中国古代面积单位。《汉书·食货志》载：“理民之道，地著为本。故必建步立亩，正其经界。六尺为步，步百为亩，亩百为夫，夫三为屋，屋三为井，井方一里，是为九夫。八家共之，各受私田百亩，公田十亩，是为八百八十亩，余二十亩以为庐舍……率十二夫为田一井一屋，故亩五顷。”一井一屋合四井，为十二夫，1200小亩，合500大亩，也即5顷。这段文字显示一顷为一百大亩。西晋一大亩合0.0461公顷，则一顷合4.61公顷。“十顷”合46.1公顷。

书》云："有司簿阅崇水碓三十余区"[1]，三十多架水碓[2]及其配套建筑，应是远近相望，绵延数里，散布在水流较为充沛的位置。土窟，为当地黄土地貌下的典型建筑形式。（图2-28）

"琴瑟笙筑，合载车中，道路并作"[3]车马礼乐本是周王室遗风。晋杜预《春秋左氏传注疏·襄公二十九年》在注解"曰此之谓夏声……其周之旧乎"时写道："秦本在西戎，汧陇之西，秦仲始有车马礼乐，去戎狄之音而有诸夏之声。"[4]《国风·秦风·车邻》小序云："美秦仲也，秦仲始大，有车马礼乐侍御之好焉。"[5]虽然很多后来的学者认为《车邻》之义未必在于"美秦仲"，但诸侯国秦对于周王室"车马礼乐"的传承却是可信的。到了魏晋时期，很多在国家典籍制度中有严格等级区分的事物，却以被"僭越"的方式逐渐普及到民间，涉及服装、用具、车马、音乐、宅邸、土地等很多方面。这些方面的"僭越"与王室内部的弑君篡位相比，就不值得惊奇了。石崇虽然是功臣之后，又列位九卿，但毕竟非王公贵胄，但他豪奢不输帝室，并以此为夸耀的资本，说明在宗族思想与礼乐制度丧失了绝对权威后，日常生活中的"僭越"变成了一种可以被接受的、甚至被追捧的行为。正如《晋书》所云："……于是王君夫、武子、石崇等更相夸尚，舆服鼎俎之盛，连衡帝室，布金埒之泉，粉珊瑚之树……"（食货）[6]；"至元康中，夸恣成俗，转相高尚，石崇之侈，遂兼王、何，而儷人主矣。"（志第十八，五行中）[7]

❶（唐）房玄龄等．晋书［M］//景印文渊阁四库全书-255册．台北：台湾商务印书馆，1982：607.

❷ 水碓（duì），将水的势能转化为动能，带动龚谷、磨面、舂米的机械，俗称"水车"，可以把稻谷的壳子除去（称为"龚谷"），也可把米碾碎（称为"舂米"），也可以磨面，整个过程能同时进行，并且昼夜不停地工作。《太平御览》引西汉桓谭《新论·离车第十一》："伏义之制杵臼之利，万民以济；及后世加巧，延力借身重以践碓，而利十倍；又复设机用驴骡、牛马及投水而舂，其利百倍。"这里提到的"延力借身重以践碓"并"投水而舂"者，便是当时的水碓。

❸（晋）石崇．金谷诗序［M］//（清）严可均辑．全上古三代秦汉三国六朝文（已上卷三十二）．全晋文．续修四库全书1605册．上海：上海古籍出版社，2002：228.

❹（晋）杜预．春秋左氏传注疏．襄公二十九年［M］//摛藻堂四库全书荟要-127册．台北：世界书局印行，1885：卷三十九．

❺（汉）毛亨．毛诗注疏（卷十一）·国风·秦风·车邻［M］//郑玄笺，（唐）孔颖达疏，陆德明音义．文渊阁四库全书69册．台北：台湾商务印书馆，1982：362.

❻（唐）房玄龄等．晋书［M］//景印文渊阁四库全书-255册．台北：台湾商务印书馆，1982：467.

❼（唐）房玄龄等．晋书［M］//景印文渊阁四库全书-255册．台北：台湾商务印书馆，1982：501.

图2-28　河南洛阳孟津县土窟

依曲赋诗，和乐而歌——《周礼·春宫宗伯》中也有所记载："大师……教六诗：曰风、曰赋、曰比、曰兴、曰雅、曰颂，以六德为之本，以六律为之音。"[1]曹魏末到晋初，有"竹林七贤"，生活放逸，聚众竹林，饮酒狂歌。石崇常邀潘岳、左思、陆机、陆云、欧阳建等同僚，于金谷园中效仿前辈林间聚会，赏家乐，饮醇酿，赋诗而歌。元康六年的"金谷雅集"是其中规模最大，对后世影响最显著的一次聚会。五十七年后，王羲之等修兰亭禊事，便是承金谷遗风。《世说新语·企羡》曰："王右军得人以《兰亭集序》方《金谷诗序》，又以己敌石崇，甚有欣色。"[2]

元康六年，石崇将调任镇守下邳，征西大将军祭酒王诩将回长安，石崇在金谷园宴请友人作为饯别。参加这次聚会的，算上石崇和王诩，共三十人。《晋书》以"送者倾都，帐饮于此焉"[3]来描述这次饯别会。"倾都"自然是夸张的说法，是指当时洛阳名士贵宦有许多参与其中。"帐饮"则是以临时搭建的棚帐作为郊外宴饮的场所，便于"昼夜游晏"。宴饮的地点也不限于帐中，而是"屡迁其坐，或登高临下，或列坐水滨"[4]。在潘岳《金谷集作诗一首》中有类似描述："饮至临华沼，迁坐登隆坻。"又车载琴瑟笙筑奏乐相伴，在自然山水中吟诗作赋。他们欲以诗文传世，"具列时人官号、姓名、年纪"，体现出晋代士人对社会地位和声名的重视。文中"遂各赋诗，以叙中怀；或不能者，罚酒三斗"的情节，在梁孝元帝萧绎《金楼子》亦有记载："金谷聚，前绛邑令邵荥阳、中牟潘豹、沛国刘邃不能著诗，并罚酒三斗，斯无才之甚矣。"[5]可以理解为，除了邵荥阳、潘豹和刘邃三人外的二十七人，都在这次著名的聚会上留下了诗文。只可惜，这些诗文后世多数散佚了。

文中只提到两个人名，王诩和苏绍，《晋书》对此二人并无记录。苏绍是武功县人，始平县则可能是他长时间居住过的地方。他的官职为"吴王师、议郎、关中侯"。他并非高官，"吴王师"列六品；"议郎"是享"六百石"的七品小官职；"关中侯"更是只代表荣誉的虚封爵位，列六品（据《通典·职官》）。西晋元康六年时，确定在场且考证明确的人包括：石崇四十六岁，"征虏将军"，为统兵要职（约为三品官员）；潘岳四十八岁，"散骑侍郎"，略低于"散骑常侍"（三品）；王诩四十岁，"征西大将军祭酒"，是征西大将军中的资深者的称号。因此，《金谷诗序》对来宾的排序记录显然不是按照官职高低。《金谷诗序》以苏绍"年五十，为首"，应是在记录来宾时依长幼来排序的。

苏邵是魏河东相苏则之孙，与石崇是姻亲。《世说新语·品藻》记："绍是崇姊夫，苏则孙，愉子也。"[6]《三国志》卷十六有苏则传，裴注也说明了苏邵的家世和与石崇的姻亲关系："愉子绍，字世嗣，为吴王师；石崇妻，绍之女兄也。"这两则记载在姻亲关系的细节上有差别，但对其姻亲关系的存在性都是肯定的。

《世说新语·容止》中提及王诩："有人诣王太尉，遇安丰、大将军、

[1]（汉）佚名．周礼［M］．徐正英等译注．北京：中华书局，2014.

[2]（南朝宋）刘义庆．世说新语·品藻［M］.（梁）刘孝标注//景印文渊阁四库全书-1035册．台北：台湾商务印书馆，1982.

[3]（唐）房玄龄等．晋书［M］//景印文渊阁四库全书-255册．台北：台湾商务印书馆，1982：606.

[4]（西晋）石崇．金谷诗序［M］//续修四库全书-1605册．（清）严可均辑．全上古三代秦汉三国六朝文（已上卷三十二）．全晋文．上海：上海古籍出版社，2002：228.

[5]（梁）萧绎．金楼子［M］//景印文渊阁四库全书-848册．上海：上海古籍出版社，2014.

[6]（南朝宋）刘义庆．世说新语［M］.（梁）刘孝标注//摛藻堂四库全书荟要-278册．台北：世界书局印行，1885.

丞相在坐；往别屋，见季胤、平子；还，语人曰：'今日之行，触目见琳琅珠玉。'"[1]这段文字讲到，有人去太守王衍那里，看到王衍正和安丰王戎、大将军王敦和丞相王导在一起，另一个房间里是王诩（字季胤）和王澄（字平子），就评论说今日所见都为"琳琅珠玉"般才能出众的人。王诩与王衍、王敦、王导、王澄为同出琅琊王氏旺族的兄弟（或堂兄弟），而后几位都为当朝权臣。王诩能与他们同列，自然也地位显赫。

《世说新语·容止》中"有人诣王太尉"句，（梁）刘孝标所做注，引石崇《金谷诗序》"王诩字季胤，琅琊人"[2]之句，为清严可均所未辑，说明《金谷诗序》中还有更多内容，很可能是列出来宾官职、籍贯或任职的地方、年龄和名氏等内容，但因为这些内容没有被其他书籍收录或引用，便伴随原本的遗失而佚。因此，《金谷诗序》现存的文本并非全本。

### （二）思归叹并序（晋）石崇

原文见《附录一》。

《思归叹并序》是石崇为乐篇《思归引》所作的序和歌辞，取其归隐之义恰如当时思绪。其序言中所谓"以事去官"，指的是当石崇所依附的权贵贾南风、贾谧在赵王司马伦的政变中被杀后，石崇失去依靠，作为贾氏的同党，不久便被寻错免官。文章写于永康元年（公元300年），石崇当时五十岁，于同年被矫诏而杀。

"肥遁"（"肥"通"蜚""飞"），是指迅速及时地远逃。当时石崇显然低估了对手，自以为退居别业就是"肥遁"。他一面继续过着自称与弋钩、琴书、丹药为伴，实则骄奢淫逸的生活，一面与欧阳建、潘岳一起谋划暗杀司马伦与孙秀，却被对手抢占了先机，在政治斗争的漩涡中覆灭。魏晋士人视"生与位"为"大宝"[3]，既追求当下的物质和精神享受，又注重社会地位、权势和身后美名。由此，才有他们虽然时常感喟人生无常，抒发去羁绊归山林之志，却又为权势甘愿以身涉险的行为。

别业沿金谷水道北岸绵延数里，宅舍从山坡一直建到堤岸边，曲水环绕，池沼棋布。文中提到"观、阁"和"阁馆"的建筑形式，不同于四年前在《金谷诗序》中只提及土窟一种建筑，很可能在这四年里，金谷园有进一步的建设和经营。观、阁等木结构建筑是别业中的主要建筑。

"登城隅兮临长江，极望无涯兮思填胸"一句，似表达作者在仕途的羁绊中思园而无法归园的情感。"城"指洛阳城墙，当时石崇任职之地。"长江"，非今所特指的长江，而是指"源远流长的河流"，这里当指洛阳城北的穀水，或是登城北望可见的黄河。

[1]（南朝宋）刘义庆．世说新语［M］．（梁）刘孝标注//景印摛藻堂四库全书荟要－278册．台北：世界书局印行，1885.

[2] 同[1].

[3]（西晋）潘岳．西征赋［M］//（梁）萧统．文选//景印文渊阁四库全书－1329册．台北：台湾商务印书馆，1982.

“或高或下，有清泉、茂林、众果、竹柏、药草之属，金田十顷，羊二百口，鸡猪鹅鸭之类，莫不毕备；又有水碓、鱼池、土窟，其为娱目欢心之物备矣”——金谷园的物产丰饶，农业设施先进，兼具生产与娱乐功能，利用自然山水之陂地、水源、林木、鱼鸟，加以人工种植和养殖，形成百木万株的密林和草美鱼肥、泽雉游枭的河滩。对比《西京杂记》与《三辅黄图》所描述西汉茂陵袁广汉园之“构石为山……养白鹦鹉、紫鸳鸯、牦牛、青兕，奇兽怪禽委积其间……积沙为洲屿，激水为波潮……”，金谷园更因地制宜，有质朴天成之趣。

文中描述了石崇在金谷园中的日常生活，主要为游目弋钩、琴书之娱和服食咽气。特别提到了石崇的家乐，“家素习技，颇有秦赵之声”。秦声，为秦地特有的音乐。李斯《谏逐客书》曰：“夫击瓮叩缶弹筝搏髀，而歌呼呜呜快耳者，真秦之声也。”赵国始于“三家分晋”，并占有了晋国公室的大部分土地，成为战国时期一度几与秦国抗衡的国家。赵国也自然继承了晋国的音乐传统。晋国曾为春秋霸主，使用周六佾之礼，乐器分为金、石、丝、竹、匏、土、革、木“八音”。石崇说自己的家乐有“秦赵之声”，便是夸赞其乐器种类丰富，格调古雅高尚。《思归叹》“惟金石兮幽且清”，便是对金石之声的描写；金（钟、镈、铙）、石（磬）都是打击乐器；“吹长笛兮弹五弦”之长笛和五弦，分属竹、丝。石崇《金谷诗序》中曾提到“琴瑟笙筑”，笙属竹，琴、瑟、筑属丝。

石崇所填《思归叹》充满暮秋之寒意：池沼中鱼、鸟生机勃勃如往日，却不知秋已深，鸿雁南飞，秋虫将蛰，“落叶飘兮枯枝竦，百草零兮覆畦垅”；虽然山谷中还回荡着金石的清幽之音，茂林、山泉、阁馆依然美妙如故，丝竹与圣贤书可常伴左右，诗人却在不安地祈祷“乐余年”与“祸不来”。诗句像是冥冥中对命运的昭示：金谷园中冬将至，而园主人石崇的生命也将走到尽头。

## （三）金谷集作诗一首（晋）潘安仁

原文见《附录一》。

王诩和石崇是饯别会的主角，第一句先对他们的能力加以赞美和肯定。《易经·鼎卦》：“九二，鼎有实，我仇有疾，不我能即，吉。”“王生和鼎实”是说王诩地位稳固，胜券在握，他的对手正自顾不暇，形势对王诩非常吉祥；王诩比潘岳年少八岁，因此被称为“王生”。石崇当时“从太仆卿出为使持节、监青徐诸军事”。《文选》李善注引《尚书》：“海岱为青州……徐州淮沂”，引《蔡邕陈琳碑》：“远镇南裔”[1]。石崇将外放镇守南方边境，亲友参加这个饯行的郊野聚会，一叙惆怅离思。

从“回溪萦曲阻”到“茂林列芳梨”几句是对金谷园景观的描绘。金谷内，溪水萦绕在林间，山坡陡峭，山路险峻；安静的池沼、涌动的泉源和依依青柳都透露着自然生机。“前庭树沙棠，后园植乌椑”一句，实际暗示了一组建筑。这组建筑可能位于山间谷地较为开阔的阶地，由若干屋舍、围廊或围墙围合成院落，厅堂前的院落种植沙棠树，屋后的小园种植乌椑

[1] （西晋）潘岳，金谷集作诗一首．（梁）萧统．文选［M］//景印文渊阁四库全书-1329册．台北：台湾商务印书馆，1982．

树。文中提到四种果树：沙棠、乌椑、石榴和梨树。其中，沙棠、乌椑是西汉上林苑中曾经选植的果木品种。采摘水果是传统的女性劳作，因此女子采摘也会是金谷园中的典型场景。

“饮至临华沼”到“箫管清且悲”几句，写主人和宾客的宴饮活动与游园相伴进行。宴饮的人们时而在汀渚，时而登上水边的高地；甘醇的酒已经熏红了脸颊，却还嫌饮酒不够酣畅淋漓；鼓乐悠扬，却不经意间渲染了清冷悲伤的气氛。这里明确地写了宴饮的地点——池沼边和山坡上；还提到两种乐器——鼓和箫。

诗到结尾处，将情感基调由兴奋热烈转为“清且悲”，以“春荣谁不慕，岁寒良独希”感叹青春易逝，生命无常，充满对人生晚景的担忧。这与石崇《金谷诗序》中“感性命之不永，惧凋落之无期”一句表达了相似的情感。潘岳以“投分寄石友，白首同所归”表达对挚友石崇的深厚感情，却一语成谶，预言了他们共同的悲剧性结局。

### （四）《世说新语》与金谷园相关的部分

南朝宋刘义庆所著的《世说新语》主要记载了东汉末到晋宋间一些名士的言行与轶事，内容多采自前人记载或传闻。其中有一些段落记述了石崇的人生观、石崇之死的因果、金谷园内的宴集等。原文节选见《附录一》。

### （五）《晋书》与金谷园相关的部分

唐修《晋书》汇“十八家晋书”（唐初实际有十九种《晋书》）而尽其未善，征引前人文章，主要以臧荣绪《晋书》为蓝本。因为所征引的内容来源庞杂而不尽严谨，史家对唐修《晋书》多有批评。《太平御览》引东晋史学家王隐书云：“……其所载者大抵弘奖风流，以资谈柄；取刘义庆《世说新语》与刘孝标所注一一互勘，几于全部收入；是直稗官之体，安得自曰史传乎……正史之中，惟此书及《宋史》后人纷纷改撰，其亦有由矣；特以十八家之书并亡，考晋事者舍此无由，故历代存之不废耳。”

《晋书》有地理志、乐志、官职志等十志，有石崇、潘岳、贾谧等金谷园相关人物的传记。这些是解析石崇《金谷诗序》《思归叹并序》、潘岳《金谷集作诗一首》的重要背景资料。原文节选见《附录一》。

### （六）《太平广记》与石崇相关的部分

宋代李昉等编《太平广记》收录“晋石崇与王恺争豪”和“石崇婢翾风”两篇故事，都不与金谷园直接相关，而是反映石崇骄奢淫逸的生活常态。原文节选见《附录一》。

### （七）《绿珠传》与金谷园相关的部分

明初陶宗仪所编纂《说郛》收宋乐史《绿珠传》。《说郛》有多种抄本和影印版，以1927上海商务印书馆涵芬楼百卷本影响较大，其第三十八卷收《绿珠传》。今有上海古籍出版社1986年版《说郛三种》，将涵芬楼百卷本、明刻一百二十卷本及续刻四十六卷本汇集影印。《绿珠传》对金谷涧、绿珠楼的位置均有描述，但因其写作年代距晋甚远，只可参考而难作证据。原文节选见《附录一》。

## 四、与金谷园相关的图像和实物资料

### （一）以金谷园为题材的绘画作品

历代不乏以金谷园为题材的画作。比如北宋王诜《金谷园手卷》、明仇英《金谷园图》和清任伯年《金谷园图》（图2-29～图2-31）。

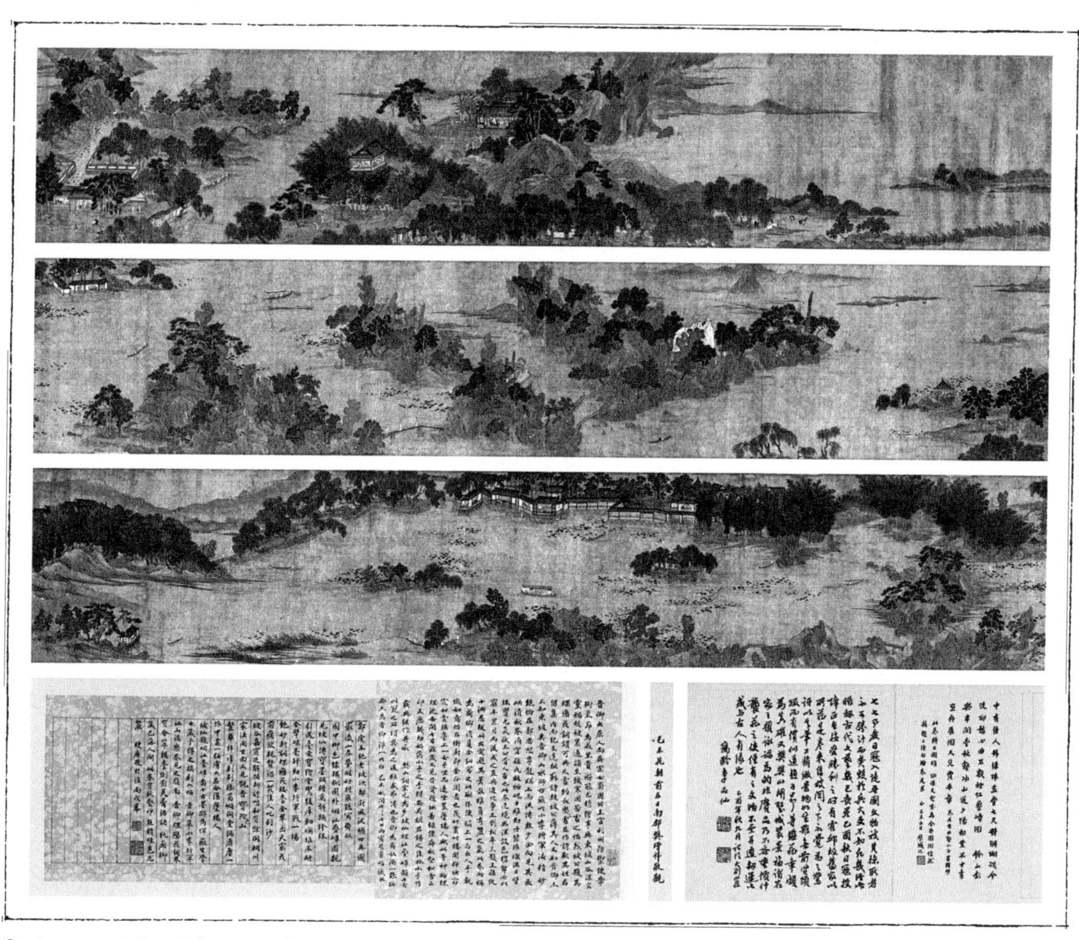

◈ 图2-29　北宋王诜金谷园手卷

其中，仇英和任伯年的画作偏重于生活场景的描绘，以表现人物群像为主，对园林环境只有局部表达。北宋王诜的《金谷园手卷》以长卷青绿山水的形式描绘出了在沼泽、河网密布的自然环境中的园林面貌，甚至对冲沟形成的脉络的主次层级关系有一定表达。

笔者在实地考察洛阳北及孟津县后，对王诜《金谷园手卷》分析如下：

第一，从地质地貌的角度进行分析。在王诜《金谷园手卷》中，塬丘孱弱而水面开阔——这虽然与现在洛阳北及孟津县塬丘平阔而沟谷狭长的实际状况不符，但是在水量充足的时期，这里有可能形成水面开阔的季节性河流。

图2-30 明仇英金谷园图

图2-31 清任伯年金谷园图

30 | 31

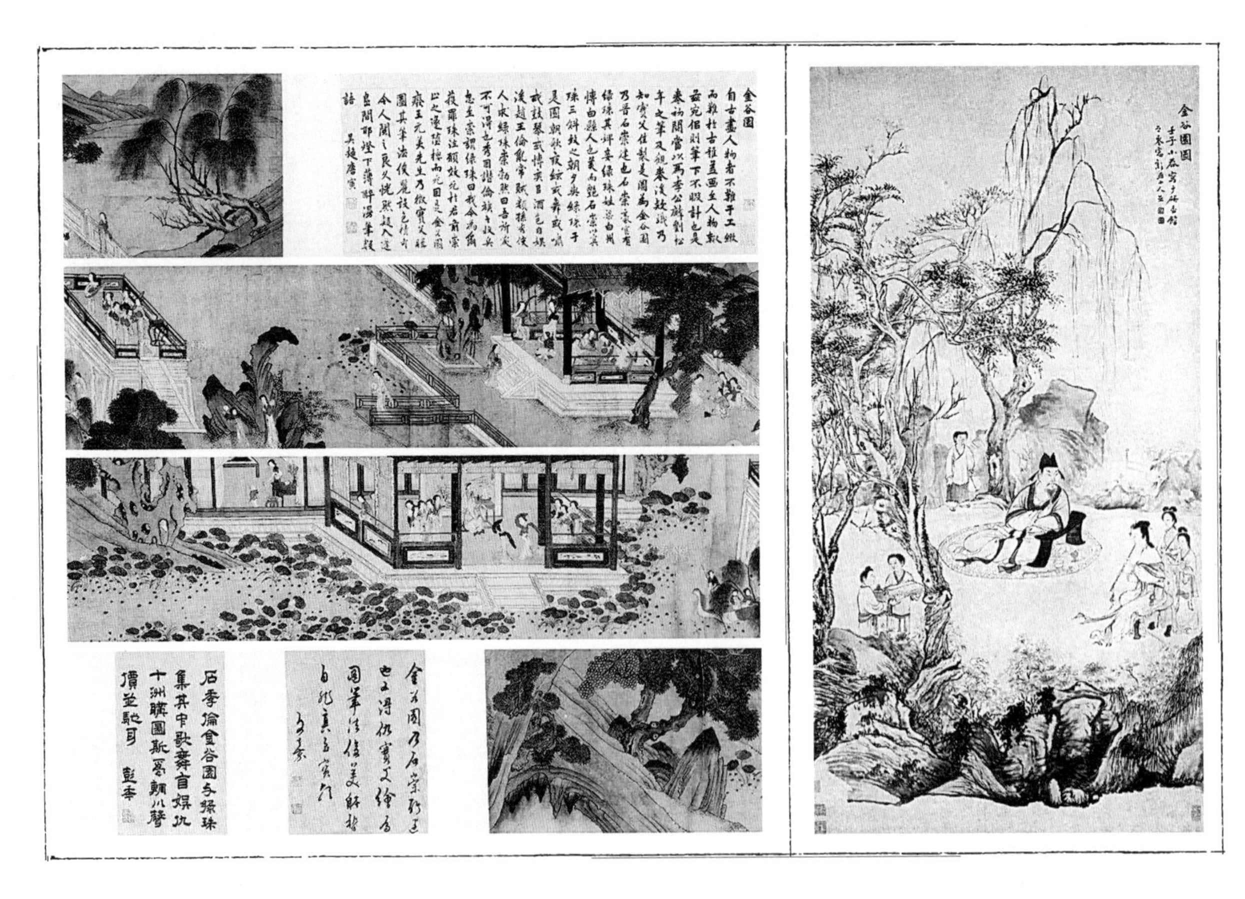

第二，金谷园的主体建于金谷涧中，最可能在金谷水东北岸的阶地之上。而非王诜的《金谷园手卷》中将建筑绘于河渚之上，如果结合当地的地形看，则是画在了塬顶、土墚或土柱之上。在黄土冲沟地貌发展的过程中，会出现土墚、土柱等结构（图2-7、图2-8），土墚、土柱常出现在沟谷网布的地区或沟谷内，在水位高的时期呈现水中汀渚的形态，但黄土的疏松质地和密集的竖直节理，使得这些结构有显而易见的脆弱性，因此黄土汀渚不会被选作建筑的基址。

第三，西晋时，北邙山中山泉和地表水充沛，正是冲沟地貌的发育期，黄土峭壁是当时当地典型的地貌特征，但在王诜的《金谷园手卷》并没有得到描绘。可姑且将王诜描绘的图景设想为水位较高时淹没了黄土峭壁的情景。

第四，王诜的《金谷园手卷》所绘山体中有许多为湖石形态，这不是当地（黄土塬丘、阶地、冲沟）的自然地貌，而是王诜所推测的叠石造山，可能取材于北宋园林景观。造山的历史，至少可以追溯到战国时代。《论语》中即提到"为山"[1]。早期的人造山为土山，可能与当时的土台一样借助版筑工艺建造。叠石造山和以独立石峰造景的记载则稍晚。西汉茂陵富民袁广汉园有"构石为山"[2]；童寯也说"六朝叠石之艺，渐趋精巧"[3]；北宋陶谷著《清异录》记五代后晋时太湖石"宠仙"被作为寿礼献给权臣桑维翰，是太湖石比较早的文字记载，但太湖石开始在园林中运用则应更早。西晋石崇骄奢富有，比如他收藏了大量珍贵的南海红珊瑚树和珍珠，因此，不能排除他在园中购置远道运来的湖石假山。但笔者认为，若金谷园中真有王诜画中那样大规模的人造石山，足以为炫耀之资本，按常理应予以记载，而诸篇文字中均未提及叠山置石之事，亦无湖石记载，因此可以推测，金谷园不会有大规模的湖石假山，或有少量置于宅内庭院中。

第五，金谷园是集生产、生活、娱乐为一体的庄园。据《金谷诗序》《思归叹》《晋书》《绿珠传》等古代文献记载，金谷园有"金田十顷""水碓三十余区"，有鱼池、土窟、阁馆、庭院等。金谷园的主要建筑建于陂田、鱼塘、水车、山林之间。黄土塬的陂田景观以及土窟，都作为传统生活的一部分而流传至今。这些农业生产的环境要素在王诜的《金谷园手卷》中没有表达。

综上所述，笔者认为王诜对金谷园的描绘存在明显失实之处。

### （二）考古发掘的西晋及其前后有参考价值的器物与图像资料

目前能够获得的西晋遗存的器物与图像资料十分有限，主要来自少量对西晋时期墓葬发掘的成果。比如敦煌市城东佛爷庙湾西晋墓，其画像砖绘画题材主要是人物和动物，墓室砖壁上可见仿木构件，随葬物品已经被盗空；其附近还有大量西晋墓穴，出于保护未被挖掘。比如嘉峪关东西晋墓葬群，大部分也处于未挖掘的状态，只有少量墓穴的壁画被复制或展出，题材为人们的生产和生活场景。又如始建于东晋末年（十六国时期）的莫高窟壁画，多为人物肖像或动物形象，取材于佛教故事，但对建筑或自然环境关注较少。所幸，西晋的建筑，与其前的汉、魏及其后的六朝、隋、唐的建筑，在形式上尚有一定延续

[1] 《论语·子罕》："子曰：'譬如为山，未成一篑，止，吾止也。'"

[2] （东汉末—曹魏）佚名．三辅黄图校注［M］．何清谷校注．西安：三秦出版社，1998.

[3] 童寯．江南园林志［M］．北京：中国建筑工业出版社，2014：32.

性。因此，笔者将汉画像石、汉画像砖、六朝到初唐的壁画、棺椁、明器等都纳入参考的范围，从中提取自然环境、植物、桥梁、建筑、人物服饰、器物、车舆、生产工具等方面的参照。

画像石与画像砖起源于战国，在两汉最为兴盛，盛产于中原、西南和江南地区，有大量流传与出土的实物。汉画像石、汉画像砖的内容广泛：描绘墓主人的宅院楼阁、宴集享乐，表现他们显赫的社会地位和重要的人生经历；也描绘当时的农业生产、集市贸易、讲学授经等社会生活场景。在东汉末年至魏晋的连年战乱中，虽然建筑实体往往遭到巨大破坏，物资和人力的匮乏使建筑的发展停滞或被割裂，但由于西晋距东汉不足百年，距西汉也仅仅二百余年，在建筑、园林、农业生产、日常生活等方面都有一定延续性，因此汉代留下的丰富图像资料对西晋园林的研究仍有较好的参照作用（图2–32 ~ 图2–34）。魏晋后，画像石与画像砖迅速衰落，但仍可见少量遗存，如敦煌市城东佛爷庙湾魏晋墓群画像砖。关于建筑的壁画遗迹比较丰富，如麦积山北朝壁画、忻州九原岗北朝壁画、始建于东晋末年（十六国时期）的莫高窟的壁画、酒泉到嘉峪关之间的魏晋古墓群壁画等。在南朝的局部地区，画像砖曾出现短暂的回潮，比如邓州市张村镇南朝刘宋墓彩色画像砖。（图2–35 ~ 图2–37）

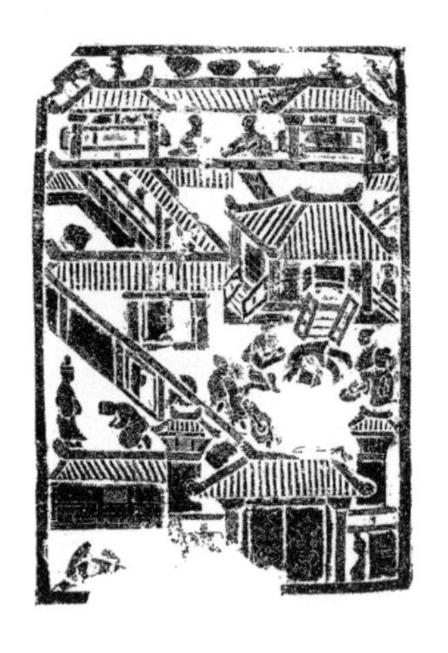

32 | 33
—
34

图2–32　山东汉画像石（来源：李国新《中国汉画造型艺术图典》，2页）

图2–33　山东嘉祥汉画像砖（来源：李国新《中国汉画造型艺术图典》，262页）

图2–34　河南许昌汉画像砖拓片（来源：李国新《中国汉画造型艺术图典》，35页）

35
—
36
—
37

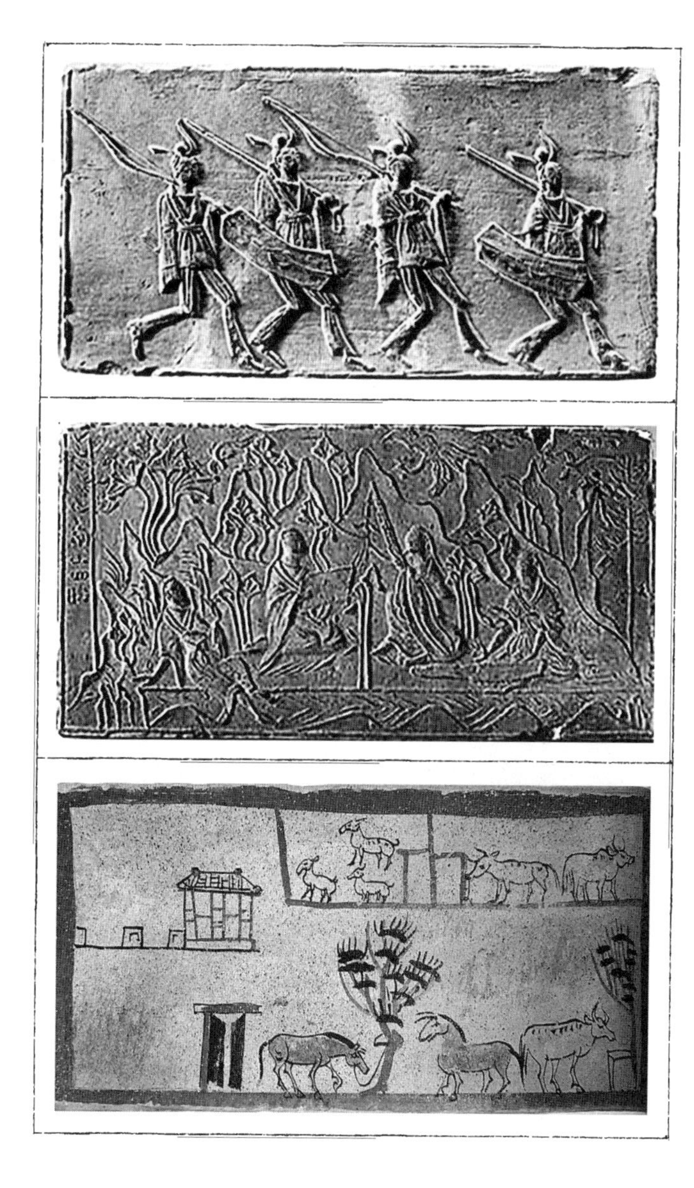

◎图2-35　河南邓州南朝画像砖（来源：中国国家博物馆）

◎图2-36　河南邓州南朝画像砖（来源：中国国家博物馆）

◎图2-37　酒泉和嘉峪关魏晋墓画像砖（来源：《China's Brick Paintings》1700 Years Old）

汉代墓葬的考古挖掘使大量汉明器陶楼出土。而西晋墓出土的建筑题材的明器却比较匮乏。因此，汉代陶楼也成为推测西晋建筑形式和院落结构较有价值的参考。（图2-38～图2-40）

38 | 39
—
40

图2-38　西汉到东汉早期四层灰陶仓楼 河南焦作市出土（来源：《河南出土汉代建筑明器》，16页）

图2-39　东汉中期七层连阁陶仓楼　河南焦作市出土（来源：《河南出土汉代建筑明器》，23页）

图2-40　东汉晚期二层灰陶仓楼　河南密县后士郭出土（来源：《河南出土汉代建筑明器》，38页）

# 第五节 金谷园图景

为了呈现金谷园图景，笔者主要进行了以下两方面的研究：

第一，金谷园的定位决定其所能凭借的自然地理条件。

土塬和冲沟地貌是金谷园最显著和最宏观的形态特征。这种地质特征和中国传统农耕形式，正在这片土地上进行着跨越千年的呈现。从实地考察照片、影片或卫星图片可以看到：黄土塬上沟壑纵横；坡地与谷地覆盖着梯田或林木；农人延续着人工耕种；黄土裸露的隆坻与脉状的河道形成互补的图形；黄土岗陡峭的侧壁上偶有散在的或成排的土窟。这些自然与人工的景观，都与古代文献中对金古园所在环境景观的描述具有一致性，可以作为图景复原的参照。

第二，从文字、绘画和陶楼中寻找金谷园中观和微观的特征。

石崇《金谷诗序》《思归叹》和潘岳《金谷集作诗一首》是探究金谷园面貌最重要的文字资料；历代文人学者的相关记述、编录和研究，如《水经注》《文选》《全晋文》《世说新语》《晋书》等，是研究金谷园的重要参考资料。

笔者将相关文字整理为“金谷园文字文献联系图”（见章后插页）。古代文字文献对金谷园的描述，并不按照特定的路线，也没有景观的具体形象和清晰的相对位置，而是从宏观的视角，以写意的手法进行的。这样的叙述方式，恰恰突出了这片依托于广袤黄土塬的庄园带给人的鲜明印象——宽厚的土塬与深切的沟壑，塬顶平畴与阶上陂田，蜿蜒的大河、溪流、阡陌与山路、树林、果园、药圃、水碓、池沼、谷仓、土窟，劳作的农人与巡视的仆役——因其自然的或农业生产的特性而具有内在的秩序，共同构成田园的意象。主人的观阁与庭院嵌入田园谷地，是庄园的核心区域。

下文将基于文字文献、图像资料和实地考察，从天然地貌景观、农业生产景观、建筑群落、宴集场景等几个方面探讨金谷园可能呈现的面貌。

## 一、北邙山的天然地貌景观

北邙山是崤山北端余脉覆盖黄土而形成的台塬，包括今洛阳市北、孟津县界和新安县东界。平阔而层叠的黄土台塬和深切的沟谷，是金谷园所依托的环境景观。

邙山为黄土地貌，冲沟发育，北侧沟谷自南向北，与黄河谷地连通，南侧沟谷自西北向东南，通向洛河谷地。由于沟谷形成时间的差别，导致呈现出不同的发育阶段，沟谷深十余米到百米，截面呈平滑弧形、阶梯形、“U”形或“V”形。依冲沟发育规律推测，在西晋时期，今所见深沟大谷已经形成，但应较现状浅窄，沟头也并未延伸到今天的位置。

西晋时期，在已经形成的宽大沟谷中，水流的下切作用活跃，冲沟进一步加深。金谷水是季节性河流，河水来源于太白原的泉水和北邙山雨季的地表径流。有些年份雨量丰沛，有些年份干旱，在旱涝的自然交替中，金谷水在河谷里雕刻出层层阶梯状的平台，河床的位置则在下切作用下缓缓下移。河边层层叠叠的平台便是可以耕种或建设宅舍园庭的基地。沟谷内，植被丰茂，溪沼网布。

## 二、金谷园的面积和农业生产景观

魏晋时期，门阀士族地主建造庄园的活动十分兴盛。这样的庄园通常建造在城郊或乡村的自然山水中，被称作“别业”“别墅”“山居”等。比如，潘岳建在洛水之滨建别墅，“爰定我居，筑室穿池，长杨映沼，芳枳树槁，游鳞瀺灂，菡萏敷披，竹木蓊蔼，灵果参差……”[1]；又如谢玄在会稽山建“始宁墅”；谢琰“资财巨万，园宅十余所”。

金谷园是位于广袤土塬及其沟壑中的庄园，集生产生活与享乐于一体。如果把宅舍楼阁看作金谷园的核心区域，那么田园景观就是建筑群的背景，也是庄园的主体风貌。

十顷农田分布在土塬和阶地之上；茂林环绕，众果、竹柏、药草杂植；清泉流经处，汇成鱼池莲沼；土塬东西超过百米的高差使得金谷水蕴含丰富的水利资源——园主便令人沿岸架设水碓加以利用；三十余架水碓沿河岸排布；水量充沛时，水车转动与杵臼舂捣之声日夜不息；禽畜肥壮，谷仓盈满，土窟成排；林间、陌上有农人忙碌的身影。丰厚的农业和畜牧业产出，以及在此基础上的手工业和商业活动，不仅实现了庄园的自给自足，满足了主人奢侈的物质享乐，更为主人积累了大量财富。

庄园经济，成形于西汉时期士人阶级巩固宗族发展的过程，虽然在东汉末年的“党锢之祸”和连年战乱中遭受了极大破坏，但到魏晋时期又蓬勃发展起来。士人阶层经历了肉体迫害和精神世界的瓦解，魏晋时他们更加崇尚个人享乐和对功名利禄的追求。“士当令身名俱泰”[2]便是对这种追求的概括。庄园则为这一追求提供了物质基础，成为其实现途径之一。

“坞壁”与豪强地主的庄园相携发展。“坞壁”原为国家建造的边郡防御设施。依据目前可见的文字资料，“壁”最早见于《周礼》《左传》,《史记》《汉书》与《后汉书》中将“壁”与“垒”混称或连用；目前考古所发现的“坞”字，以“居延汉简”中所出现的最早，当时戍边的将士兼有屯田垦殖和守疆实边的职责；《后汉书》中则已有“坞壁”一词。与国家戍边的军事设施不同，西汉发展起来的豪强地主的“坞壁”，是堡垒与庄园相结合的产物，也是土地私有制与人身依附关系伴行发展而来的社会集团。自给自足的庄园经济，与尚可自保的武装力

[1]（西晋）潘安仁．闲居赋［M］//（南朝梁）萧统．昭明文选，上海：中华书局，1977：卷十六．

[2]（唐）房玄龄等．晋书［M］//景印文渊阁四库全书-255册．台北：台湾商务印书馆，1982：606.

量，是其保持相对独立性的基础。地主坞壁的成因有多种，或为地方富豪挖壕堑，筑堡垒，以求在饥荒之年自保；或为宗族乡党聚居，吸纳流民，组织家兵部曲，且耕且守，以对抗外族侵扰、兵乱和盗匪；或为官宦门阀，占田抢荒，荫占依附民，务农屯兵，以发展独立的地方势力。

《水经注·比水》和《后汉书·樊宏传》记载，西汉晚期樊氏庄园的坞壁庇护宗家亲属："徙居湖阳，能治田植，至三百顷，广起庐舍，高楼连阁，波陂灌注，竹木成林，六畜放牧，鱼蠃梨果，樿棘桑麻，闭门成市，兵弩器械，赀至百万，其兴工造作，为无穷之功，巧不可言"[1]；"王莽末，义兵起……归与宗家亲属作营堑，自守老弱妇之者千余家"。[2]《后汉书·李章传》记载，东汉初年，世族将领李章诱杀地方豪强赵纲，并击破其坞壁："时赵魏豪右，往往屯聚清河，大姓赵纲遂于县界起坞壁，缮甲兵为在所害；章到，乃设飨会而延谒纲；纲带文剑，被羽衣，从士百余人，来到章，与对宴饮；有顷，手剑斩纲，伏兵亦悉杀其从者；因驰诣坞壁，掩击破之。"[3]东汉光武帝刘秀，曾试图瓦解地方豪强的坞壁，但遭到了坞主们的武装抗拒，最终相互达成妥协，坞壁也由此开始了更兴旺的发展。

西晋初年，屯田制瓦解，朝廷颁布了关于占田和荫客制度的法令，庄园经济的发展得到国家的承认，同时，其发展规模也受到法律的限定："及平吴之后，有司又奏：诏书'王公以国为家，京城不宜复有田宅；今未暇作诸国邸，当使城中有往来处，近郊有刍藁之田'今可限之，国王公侯，京城得有一宅之处；近郊田，大国田十五顷，次国十顷，小国七顷；城内无宅城外有者，皆听留之'……其官品第一至于第九，各以贵贱占田，品第一者占五十顷，第二品四十五顷，第三品四十顷，第四品三十五顷，第五品三十顷，第六品二十五顷，第七品二十顷，第八品十五顷，第九品十顷；而又各以品之高卑荫其亲属，多者及九族，少者三世；宗室、国宾、先贤之后及士人子孙亦如之；而又得荫人以为衣食客及佃客，品第六已上得衣食客三人，第七第八品二人，第九品及举辇、迹禽、前驱、由基、强弩、司马、羽林郎、殿中冗从武贲、殿中武贲、持椎斧武骑武贲、持鈒冗从武贲、命中武贲武骑一人；其应有佃客者，官品第一第二者佃客无过五十户，第三品十户，第四品七户，第五品五户，第六品三户，第七品二户，第八品、第九品一户。"[4]《晋书·食货志》中的这段文字，记录了西晋对于王公贵族和普通官员占地面积及荫占依附人口数目的限制。豪强地主的坞壁经两汉沉浮（特别是"黄巾起义"时期的大量增长），在西晋土地私有制发展的大背景下得到恢复。到东晋十六国时期，坞壁的发展到达高潮。《晋书·庾衮列传》记西晋庾氏禹山坞壁："张宏等肆掠于阳翟，衮乃率其同族及庶姓保于禹山；是时，百姓安宁，未知战守之事，衮曰，'孔子云，不教而战是谓弃之'，乃集诸群士而谋曰：'二三君子相与处于险，将以安保亲尊,全妻孥也；古人有言，千人聚而不以一人为主,不散则乱矣，将若之何？'众曰:'善，今日之主，非君而谁！'……于是，峻险阨，杜蹊径，修壁坞，树蕃障，考功庸，记丈尺，均劳逸，通有无，缮完器……及贼至，衮乃勒部曲，整行武，皆持满而勿发，贼挑战，而晏然不动，且辞焉；贼服

[1] （北魏）郦道元．水经注［M］//摛藻堂四库全书荟要-180册．台北：世界书局印行，1885：555，556.

[2] （南朝宋）范晔．后汉书・樊宏传［M］//景印文渊阁四库全书-252册．台北：台湾商务印书馆，1982：748.

[3] （南朝宋）范晔．后汉书・李章传［M］//景印文渊阁四库全书-253册．台北：台湾商务印书馆，1982：497.

[4] （唐）房玄龄等．晋书［M］//景印文渊阁四库全书-255册．台北：台湾商务印书馆，1982：471，472.

❶（唐）房玄龄等. 晋书［M］. 景印文渊阁四库全书-256册. 台北：台湾商务印书馆，1982：432.

❷（唐）房玄龄等. 晋书［M］. 景印文渊阁四库全书-256册. 台北：台湾商务印书馆，1982：643.

❸（唐）房玄龄等. 晋书［M］//景印文渊阁四库全书-255册. 台北：台湾商务印书馆，1982：606.

其慎，而畏其整，是以皆退。"[❶]庾氏禹山坞壁人口规模在千人以上，内部体系完备，对外军事设施整饬。《晋书·苏峻列传》记东晋苏峻掖县坞壁，集数千流民聚居："苏峻，字子高，长广掖人也……永嘉之乱，百姓流亡，所在屯聚；峻纠合得数千家，结垒于本县；于时，豪杰所在屯聚，而峻最强。"[❷]在西晋后期的战乱中，坞壁成为流亡者的避难所，规模可达数千人。

金谷园的建造和存续在西晋中期。金谷园是仅仅保持田庄的状态，还是形成了坞壁，可从以下几个方面进行考量：庄园面积、人口数量、家兵部曲和堡垒建筑。

第一，金谷园占有的土地面积。

石崇为功臣之后，官至三品。金谷园有"金田十顷"（约合50公顷），比占田法所限定的三品官员所能占有的四十顷（约合200公顷）少许多，其农田面积并不算大。但根据"锦步障五十里""锦障逶迤，亘以山川之外"[❸]的描述推测，石崇所围占的土塬、沟壑、树林、池沼面积总面积约五、六百顷（约合今2000–3000公顷，参见后文关于"锦步障"的论述）。若将金谷园的面积按五百顷计，则比《水经注》中所记的东汉樊宏的湖阳庄园樊陂（"至三百顷"）还大许多。

第二，金谷园所荫占的依附人口数量。

石崇被杀时，"崇母兄妻子无少长皆被害，死者十五人"[❹]并未提及其他亲属。查抄金谷园得"苍头八百余人"[❺]。汉代以后称仆役为"苍头"。这些奴仆可被视为金谷园中的依附人口，其中可能包括了杂役、佃客和手工业生产者。《晋书》中孙秀使人求绿珠时，"崇尽出其婢妾数十人以示之"，推测金谷园中婢妾、侍女有数百人。（在《绿珠传》中又出现"美艳者千余人""崇出侍婢数百人以示之"，杜撰和夸大的可能性较大。）西晋赋税制度规定"男子一人占田七十亩，女子三十亩，其外丁男课田五十亩，丁女二十亩……"[❻]这是依据当时一个普通劳动力能耕种的田地面积而制定的赋税制度。按此计算，十顷（千亩）田，耕种者一二十男丁足矣。因此，田庄内的大量劳动力可能从事果蔬桑麻等多种经济作物的种植、禽畜鱼饲养、农产品加工、缫丝染织等。综上所述，金谷园的人口在千人左右。

《三国志·魏书》记田畴的徐无山庄园："畴得北归，率举宗族他附从数百人……遂入徐无山中，营深险平敞地而居，躬耕以养父母；百姓归之，数年间至五千余家。"庄园的人口，数年间从数百人发展到五千余家（数万人）。《三国志·魏书》记满宠为汝南太守时"率攻下二十余壁；诱其未降渠帅，于坐上杀十余人，一时皆平；得户二万，兵二千人，令就田业"，可知一壁平均约千户（数千人）。西汉樊氏庄园守宗族亲属老弱妇等千余户（数千人）。东晋苏峻掖县坞壁集数千家（数千人）。《晋书·石勒载记》记石勒司马刺史石生"攻刘曜河内太守尹平于新安，斩之，克垒壁十余，降掠五千余户而归"[❼]，一壁垒平均约500户（千人以上）。可见，庄园或坞壁的人口规模从数百人到数万人都有

❹（唐）房玄龄等. 晋书［M］//景印文渊阁四库全书-255册. 台北：台湾商务印书馆，1982：607.

❺ 同❹.

❻ 同❹.

❼（唐）房玄龄等. 晋书［M］//景印文渊阁四库全书-256册. 台北：台湾商务印书馆，1982：714.

可能。金谷园千余人，属于中等人口规模。

第三，金谷园的武装力量。

石崇为保护财产，必然有部曲、家兵专门负责庄园的防卫。但是，金谷园的建设似乎并未把防御放在重要的位置上。首先，并没有文字记载金谷园的防御能力；其次，“收兵忽至”，尚在楼阁之上宴饮的石崇便被缉拿，文字记录中并没任何关于金谷园的家兵抵抗赵王伦的士兵的描述。诚然，文献对于历史事件细节的记载可能是有缺失的，作为地方富豪的石崇也理所当然有保家护院的家兵。可能双方实力非常悬殊，或事发突然而措手不及，以至没有抵抗来兵的记录。

第四，金谷园是否建造了堡垒式建筑实体或凭借了险要的地形。

金谷园所处环境，被石崇描述为“其制宅也，却阻长堤，前临清渠；百木几于万株，流水周于舍下……”；被潘安仁描述为“回溪萦曲阻，峻阪路威夷，绿池泛淡淡，青柳何依依，滥泉龙鳞澜，激波连珠挥”，两种描述均为美好田园风光，而未提及防御设施，或者任何与防御有关的设想。北邙虽有土塬沟壑，却多阶地，且黄土质地脆弱，并非可凭险而守之地。

综上所述，金谷园是一座面积广大、人口数量适中、占田规模符合制度、以生产和娱乐为主要功能的田庄。金谷园的宅院，是普通多进院落建筑群，并没有形成被高墙与壕沟围绕的坞壁。除了主要的宅院之外，金谷园的一些馆阁亭榭，可能是作为独幢建筑分散于沟谷中的，从而与自然山水更紧密地结合。

## 三、金谷园的建筑及构筑物

金谷园中的建筑，依照用途，大致分为四类：其一，楼台亭榭、精舍观阁，供主人居住、娱乐、藏珍、会客之用；其二，辅助性房屋，供侍女、仆役、苍头等在其中劳作与起居；其三，与农业相关的生产用房（如仓楼、水碓房、禽舍、畜栏等）；其四，构筑物（如锦步障、为宴饮而搭建的帷帐或凉棚）。

### （一）楼阁、精舍与台榭

楼台亭榭、精舍观阁是金谷园建筑群的核心，被数种文献提及，却几乎无具体描述。石崇《思归叹并序》中“观阁”和“阁馆”提示楼阁建筑；潘岳《金谷集作诗一首》提及“前庭”和“后园”，体现了建筑群的院落式组织形式；《晋书》写石崇富有时道：“屋宇宏丽”[1]，写其楼阁建筑给人以宏大华丽的印象。金谷园阁馆、庭院的形式与规模都没有明确的记载。院落可能沿水岸串联，如同东汉袁广汉园那样“屋皆徘徊连属，重阁修廊”[2]，或依谷内地势，自水边向塬顶层层铺展。

石崇尚诗文，善音律，爱美人、醇酒与奇珍嘉宝，好交际与宴集，修道术，炼仙丹，这些喜好与日常活动提示了金谷园中可能存在的建筑种类。

[1] （唐）房玄龄等．晋书［M］//景印文渊阁四库全书-255册．台北：台湾商务印书馆，1982：605-606.

[2] （汉）刘歆．西京杂记［M］（东晋）葛洪辑抄//景印文渊阁四库全书-1035册．台北：台湾商务印书馆，1982：12.

❶ 影作：砖石墓穴内壁粉以石灰，再于石灰层上绘制白描线条，描摹木结构建筑构件。西晋承袭曹魏“薄葬”的习俗，墓室内壁非常简朴，通常在墓主人身份地位较高时才绘制“影作”。

❷ 薄葬：东汉末年的连年战争使得国力衰微，难以负担秦汉以来王宫贵族奢靡的“厚葬”制度，曹操在建安二十三年推行“薄葬令”，自此至西晋，贵族乃至民间一直遵从“薄葬”之风。

从元康六年宴集的情况来看，其主客共30人。因此，金谷园的宅舍，除了供主人及其日常奴婢居住，至少需提供30位客人及其随从仆役所住的客房。

宴请宾客，或在堂中，或在台榭之上，也可扎帐于水边，或露天设宴。石崇带领宾客们“屡迁其坐”，则设宴必有多处，且形式各异，风景不同。

日常谱曲、鼓琴、听歌、赏舞，当选宅内风景旖旎处台榭，池映嘉木，帘入繁花；或择宅外的水边楼阁，山川为屏，清风相伴。

金谷园除了满足石崇享乐的需求，也满足其居士生活所需，设有专供修仙问道之用的庭院与馆阁。其小环境通常不同于生活院落的繁华奢靡，院落质朴，建筑肃穆，清净片墙中，紫烟林杪外。

金谷园建筑的细节，在文献资料中无记载。西晋建筑的文字资料较少，与西晋建筑相关的实物或图像资料也十分罕见。目前发掘的西晋墓所出明器，种类、形式和工艺水平都明显逊于汉墓。不同于汉墓出土的大量精致的铜器、陶楼、陶仓、陶坞壁等，西晋墓出土的明器中很少有铜器，与建筑相关者多为造型简单的陶井、畜圈、陶囷和陶仓，而罕见庭院、宅舍或楼阁，墓室壁除了一些砖石仿木构（图2–41）和“影作”[1]外（图2–42），壁画、画像砖或画像石较少，且题材大多为人物、动物、植物、花纹等，偶尔见到的建筑题材绘画也较为稚拙。这与西晋沿袭曹魏薄葬[2]的习俗直接相关。因此，不得不观其前后朝代以寻求参考。

综上所述，金谷园建筑的文字记载简略，西晋的建筑资料匮乏，只能将西晋前后、相近地区的建筑形式加以借鉴，并依据相关历史事件的记载进行推测。同时，因为东晋时期的衣冠南渡，汉族文化在一定程度上出现断裂，建筑也相应地

41
—
42

图2–41　砖砌仿木斗栱（来源：《河南焦作山阳北路西晋墓发掘简报》）

图2–42　影作（来源：江苏邳州西晋墓葬群纪录片《失落的下邳国》）

出现形式的缺失与特征的混杂。因此，金谷园建筑复现的依据较少，准确度很低。在金谷园的图景复原中，建筑只是作为园林要素之一，以建筑群的整体形象参与金谷园的构建，而无法强调建筑单体的准确性，或是建筑群组织形式的准确性。下文将从单体形式、构件、组织方式等方面，梳理中原地区建筑自汉至唐演变的一些线索，并以此为依据，推测西晋建筑的形式与特征，进而为金谷园建筑形式的选择划定范围，提供参考。

汉代时，单体建筑的形式已经非常丰富。河南、山东、陕西、四川等地有大量画像砖、画像石和明器出土，其中可以看到楼阁、台榭、阙、阙门、围廊、渐升廊、楼廊等建筑形象。（图2-43 ~ 图2-46）

在汉代画像中，一种被单个或数重斗栱高高擎起的水榭十分独特。（图2-47 ~ 图2-49）这种水榭只见于汉画，汉代之后的遗迹中再未被见到。魏晋的建筑图像资料比较缺乏。而在南北朝时期及以后留下的大量建筑绘画或雕刻中，也再未见到这种结构的水榭。因此，魏晋正是这种水榭从有到无的时期。东汉末年到西晋初年，连年战乱而国力衰退，独立高擎的水榭，作为单纯供人临水娱乐又对建造材料和技术要求较高的建筑，很可能因其“非必需性”而迅速消失。并且，有这种水榭的汉画出土地集中于山东、安徽、江苏。因此，位于洛阳的西晋庄园，应当没有这种以斗栱支撑的水榭。

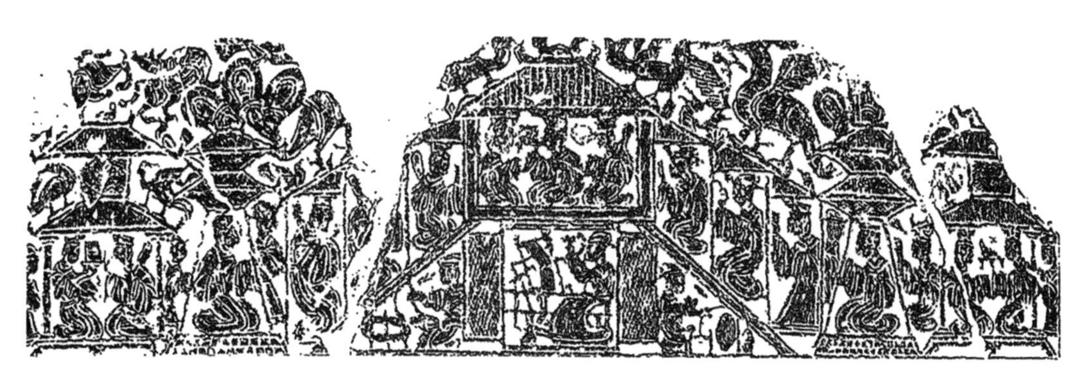

43
—
44 | 45

◈图2-43　安徽宿州汉画像石　楼阁和渐升廊（来源：李国新《中国汉画造型艺术图典 建筑》，10页）

◈图2-44　河南南阳汉画像石　住宅（来源：李国新《中国汉画造型艺术图典　建筑》，23页）

◈图2-45　河南郏县汉画像砖　楼阁（来源：李国新《中国汉画造型艺术图典　建筑》，164页）

46
—
47
—
48 | 49

图2-46 河南许昌汉画像砖 门楼（来源：李国新《中国汉画造型艺术图典 建筑》，253页）

图2-47 山东微山汉画像石 水榭（来源：李国新《中国汉画造型艺术图典 建筑》，93、94页）

图2-48 安徽萧州汉画像石 水榭（来源：李国新《中国汉画造型艺术图典 建筑》，98页）

图2-49 江苏徐州汉画像石 水榭（来源：李国新《中国汉画造型艺术图典 建筑》，97页）

汉画像砖、画像石中所绘楼阁多为2～4层，但河南出土的明器陶楼常3～5层。楼高者也称"望楼"，有独幢，也有以坞壁院落呈现者；每层之间（或每两层间）有腰檐，腰檐上为平座；最高一层为庑殿顶。汉明器水榭，常见阁楼式水榭和碉堡式水榭，以圆盘或方盘承托，以示水池。汉明器戏楼，常2～4层，在某一层设舞台，上有歌舞或奏乐的陶俑。（图2-50～图2-53）

50
—
51 | 52 | 53

◈图2-50　东汉中期彩绘陶院落　河南淮阳出土（来源：《河南出土汉代建筑明器》，48页）

◈图2-51　东汉中晚期三层绿釉陶水榭　河南三门峡刘家渠4号墓出土（来源：《河南出土汉代建筑明器》，58页）

◈图2-52　东汉中晚期四层绿釉陶百戏楼　河南淅州县李官桥东堂村出土（来源：《河南出土汉代建筑明器》，69页）

◈图2-53　东汉中晚期五层绿釉陶望楼　河南陕县出土（来源：《河南出土汉代建筑明器》，79页）

许多汉代厅堂、楼阁的正脊上还有一个或一对小阁楼，体量小巧，常用庑殿顶，可能有采光、通风、瞭望之用（图2-54～图2-57）。有时，小阁楼出现在围廊或院墙的角部。处于围墙或围廊交接处或转角处的小阁楼，在东晋墓出土的陶院明器也可看到。在唐佛窟壁画上可以看到有小阁楼或攒尖小亭坐落于廊的交接处或转角处（图2-58～图2-60）。其形式与作用从汉至唐似有延续。因此，西晋时期的建筑，有可能在厅堂或楼阁顶部或者院墙与围廊的转角处，使用类似的小阁楼。

54
—
55
—
56
—
57

图2-54　四川成都汉画像石（来源：李国新《中国汉画造型艺术图典　建筑》，179页）

图2-55　四川成都汉画像砖（来源：李国新《中国汉画造型艺术图典　建筑》，1页）

图2-56　河南唐河汉画像石（来源：李国新《中国汉画造型艺术图典　建筑》，160页）

图2-57　四川成都汉画像砖（来源：李国新《中国汉画造型艺术图典　建筑》，46页）

58—59—60

◈图2-58　陶院　广东肇庆市端州区大路田村东晋墓出土（来源：肇庆市博物馆）

◈图2-59　廊　莫高窟12窟　晚唐（来源：数字敦煌）

◈图2-60　廊　莫高窟112窟　中唐（来源：数字敦煌）

阙的产生早于周代。如《诗经·郑风》中就有“挑兮达兮，在城阙兮”。“我国现存阙37处……多为东汉时期，晚者可到西晋。”[1]除了实物遗存，汉画像石、画像砖中也可见大量阙的图像，有城阙、宫阙、宅第阙、祠庙阙、墓阙之分。宅第阙昭示着主人尊贵的地位，不仅见于汉画，也常见于汉代明器，汉以后就很罕见了。在西晋时期，很可能已经不使用宅第阙。

庑殿顶是汉代画像砖、画像石中殿堂楼阁最常见的屋顶形式，特别是山西、河南、山东等北方地区出土者（图2-44、图2-46、图2-47、图2-56）。在南方（如四川、江苏）出土的汉画像砖石上也可以看到悬山顶的图像（图2-54、图2-55）。汉阙遗存多为庑殿顶、重檐庑殿顶。汉明器陶楼多为庑殿顶或悬山顶。北魏墓石室多为悬山顶。北魏的佛窟壁画或石雕中可以见到楼阁或殿堂使用了悬山顶、庑殿顶与歇山顶。比如莫高窟257窟壁画悬山顶，洛阳龙门石窟谷阳洞屋形龛庑殿顶与歇山顶，大同云冈石窟9窟屋形龛庑殿顶等。唐代的佛窟壁画中除了可以看到大量庑殿顶与歇山顶，也可见到攒尖顶（图2-60、图2-61）。北魏及其后的楼阁式佛塔，常有使用攒尖顶者。可见庑殿顶与悬山顶，自汉至唐，一直被广泛使用。歇山被普遍使用的时间则较晚。而大量歇山顶和攒尖顶的例证都在北魏之后。因此推测，西晋金谷园的建筑以庑殿顶为主，也可能部分使用悬山顶，歇山顶或攒尖顶出现的概率极小。

栌、横栱、腰撑、插栱和栾都是汉代建筑常见的承托构件。一些建筑柱头上有栌，栌上承檩木；一些建筑柱头上为一斗二升斗栱，或一斗三升斗栱，偶尔也见两跳以上的斗栱；斗栱也可能坐落在插栱、外伸的梁头上，或是由柱、插栱所承托的横木（类似于阑额）上。汉代明器和绘画中的斗栱，大多只向左右出挑，而不向内外出挑，（只在汉画水榭有向前出挑的大斗栱），有柱头、柱间、角部三种位置，承托檐或平座。魏晋遗存中的斗栱，多为向两侧出挑的一斗二升和一斗三升。目前，“人字栱”的实物，都出自北魏及其后的墓葬、佛塔、佛窟壁画。南北朝及唐朝等时期非常多见的“人字栱”，在魏晋及更早的时间并无存在的证据。因此，金谷园建筑不太可能使用人字栱。

从已经发掘的两晋墓中尚可以得到少量建筑资料，比如墓室的砖石砌或黄土的仿木构、影作、陶楼、陶仓等——多为对木构的模拟。被模拟的木构包括柱、栌斗、斗栱、替木、梁栿、插手、檩、椽等。在甘肃高台地埂坡晋墓中，可以看得到原生黄土上雕刻的完整仿木构梁架（图2-61～图2-63）。其粗大的叉手非常引人注目，且两叉手的交接处并无蜀柱承托。叉手结构，最迟于魏晋时期已经出现，在南北朝、隋、唐、宋、（辽、金）元等朝代被持续广泛地使用，如北魏宁懋石室、辽代河北蓟县独乐寺山门、金山西大同善化寺山门及大雄宝殿、元代河北正定阳和楼等。这些后代的实例均以蜀柱配合叉手使用（图2-64～图2-66）。西晋金谷园有可能存在这种以柱、斗栱、梁和叉手形成木构架的建筑。

[1] 张孜江，高文．中国汉阙全集［M］．北京：中国建筑工业出版社，2017：30.

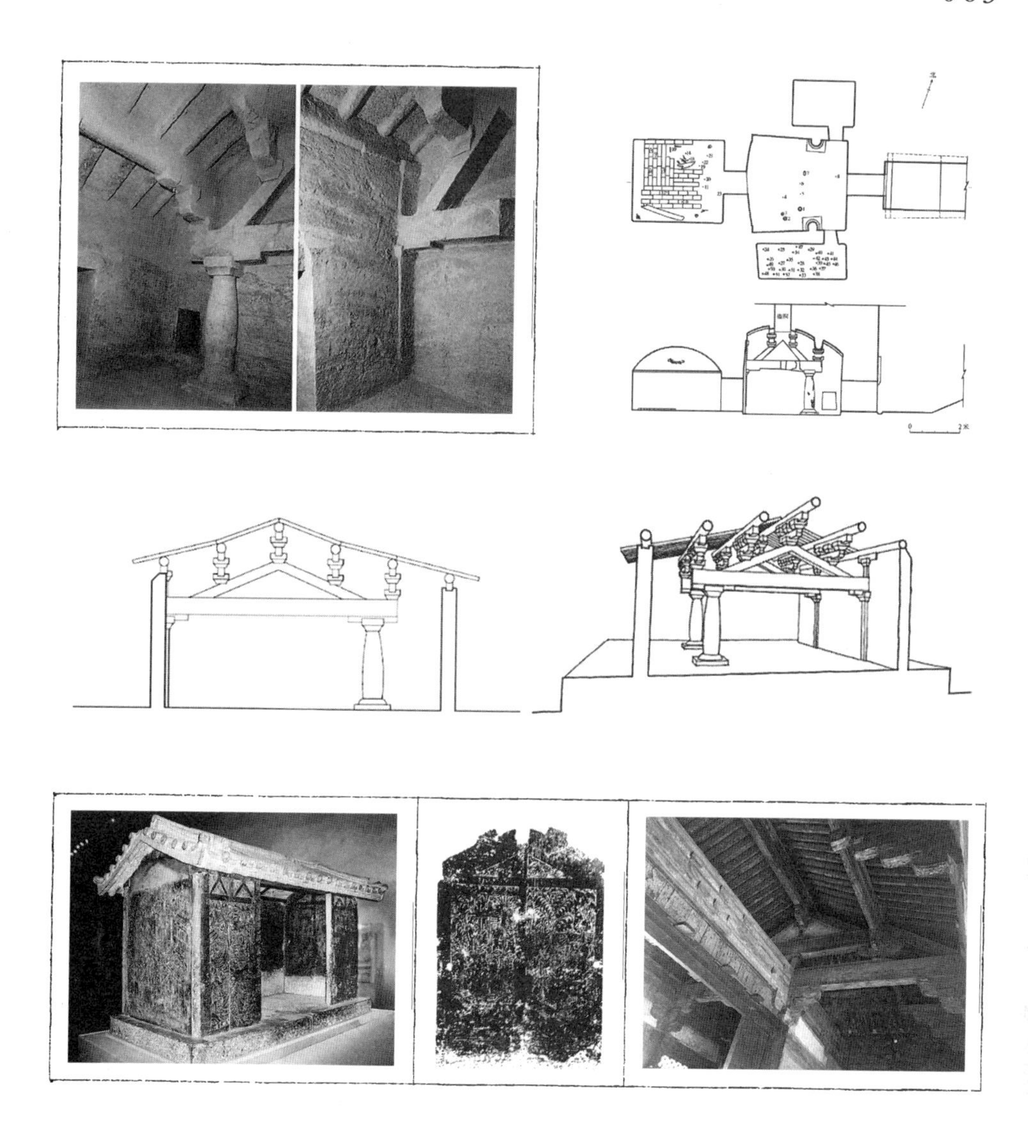

61 | 62
—
63
—
64 | 65 | 66

◈ 图2-61　甘肃高台地埂坡晋墓黄土仿木构（来源：甘肃省文物考古研究所　高台县博物馆《甘肃高台地埂坡晋墓发掘简报》《文物》2008-09，33页）

◈ 图2-62　甘肃高台地埂坡晋墓黄土仿木构（来源：甘肃省文物考古研究所　高台县博物馆《甘肃高台地埂坡晋墓发掘简报》《文物》2008-09，32页）

◈ 图2-63　甘肃高台县地埂坡西晋墓　仿木构架（来源：王子奇《甘肃高台县地埂坡一号晋墓仿木结构初探》《四川文物》2017-06）

◈ 图2-64　北魏宁懋石室（来源：美国波士顿博物馆）

◈ 图2-65　北魏宁懋石室拓片（来源：郭建邦《北魏宁懋石室线刻画》）

◈ 图2-66　河北蓟县独乐寺山门、叉手和蜀柱　辽代

### （二）其他屋舍与生产用房

仆役和侍女等居住或劳作其间的屋舍，可能被安排在主人宅院的偏院或者附近，可能采用洛阳当地最普遍的农宅形式，比如土窟或者夯土墙茅顶的屋舍。它们在很长的时期内并没有太大改变，今天，在洛阳附近的乡村中，仍然可以看到被废弃的或正在使用的土窟和夯土屋。

西晋明器，常见猪舍、谷仓和水井。西晋的生产用房多使用庑殿顶或悬山顶。目前出土的西晋陶谷仓，相对于汉墓出土的同类建筑，形式简单了很多，做工也显粗陋——这主要是由于西晋延续了曹魏时期的“薄葬”制度，但也可能反映了魏晋长期的社会动荡所引起的农业生产衰退。2018年江苏邳州煎药庙发掘下邳国贵族墓葬群，陪葬的明器模拟建筑者也不过猪舍、谷仓和水井三种，并且形式都很简朴，与普通西晋墓出土的同类明器无异。但这也并不代表晋代的仓楼、厕所一定如明器中的简陋模样。（图2-67～图2-70）

比如明器厕所猪圈的形式，自秦汉一直沿用到现在——中国北方乡村的一些地区仍使用类似的厕所猪圈，仍不得不将多日累积的臭气、腌臜、猪的哼哼、蝇的乱撞与如厕的私密过程融为一体。而《世说新

67 | 68
69 | 70

图2-67　西汉到东汉早期七层灰陶仓楼　河南郑州荥阳出土（来源：《河南出土汉代建筑明器》）

图2-68　西晋陶仓（来源：《河南偃师大冢头西晋墓发掘简报》）

图2-69　东汉厕所猪舍河南南阳市出土（来源：《河南出土汉代建筑明器》）

图2-70　西晋厕所猪舍（来源：《河南焦作山阳北路西晋墓发掘简报》）

语》中所描述的石崇家的厕所，完全是另外一番景象："石崇厕常有十余婢侍列，皆丽服藻饰，置甲煎粉、沈香汁之属，无不毕备，又与新衣着令出；客多羞不能如厕。"[1]《世说新语》虽然记录逸闻轶事，但其描述在情理上很符合石崇对精致与享乐生活的追求，并且写于南朝，与西晋在年代上相隔并不远，故而有一定可信性。从这段描述来看，金谷园的厕所应有更合理的空间设计，较为宽敞明亮，可能有足够多的隔间与厕位，以避免客人等待，放置香料掩盖臭气，并可容纳数名侍女在旁服侍。《晋书・刘寔传》有段文字与此相印证："（刘寔）尝诣石崇家，如厕，见有绛纹帐，裀褥甚丽，两婢持香囊；寔便退，笑谓崇曰，误入卿内；崇曰，是厕耳；寔曰，贫士未尝得此，乃更如他厕。"[2]这一段，描写了石崇家厕所的舒适华丽，其装饰布置胜于寻常人家的居室，这印证了石崇对如厕舒适性的追求。厕所猪圈作为一种固定的组合，通常位于后园一隅。但石崇家的厕所宽敞舒适，装陈讲究，更可能独占了一进院落。

仓楼，主要储藏粮食，这种重要的生产性用房，可能被纳入主人宅院的偏院，或在独立的院落中，由家丁守卫。金谷园有金田十顷，水碓三十余区，粮食产量和加工量很可观。仓楼的体量与金谷园的粮食储藏量相关。金谷园的粮食储藏量，可能与金谷园粮食产量、石崇收取地租的比例、金谷园粮食消耗量等方面相关。

《史记・河渠书》记载郑国渠，"渠成，注填淤之水，溉泽卤之地四万余顷，收皆亩一钟，于是关中为沃野……"[3]南朝宋裴骃在《史记集解》中引用东晋徐广言："钟，六斛四斗也。"《汉书・律历制》记载："合龠为合，十合为升，十升为斗，十斗为斛。"秦汉时"斛"与"石"所标识的容量相同，常通用。由此知，在战国末年，陕西一带因为郑国渠的开凿实现了充足的灌溉，亩产均达一钟，即六石四斗。马端临《文献通考》之《四裔考十》中发为议论："夫关中土沃物丰，厥田上上，加以泾、渭之流，溉其舄卤，郑国白渠，灌浸相通，黍稷之饶，亩号一钟，帝王之都每以为居，未闻戎狄宜在此土也。"[4]与《史记》中记载的粮食亩产量相吻合。

曹魏嵇康说："夫田种者，一亩十斛，谓之良田，此天下之通称也。"[5]由此知，在曹魏时期，中原地区良田亩产十斛为通常的状况。

《文献通考》卷六《田赋考・水利田》中记载，西晋杜预在上疏晋武帝时说："水去之后，填淤之田，亩收数钟。"[6]这是他对水患褪去后，汝水以南地区湿润肥沃的耕地的亩产估计。以此推算当时最肥沃的水田的亩产量在二十石以上。

周国林认为，魏晋南北朝时期的亩产量平均约"三至五斛"。[7]

[1]（南朝宋）刘义庆．世说新语［M］．（梁）刘孝标注//摛藻堂四库全书荟要-278册．台北：世界书局印行，1885：209．

[2]（唐）房玄龄等．晋书［M］//景印文渊阁四库全书-255册．台北：台湾商务印书馆，1982：607．

[3]（汉）司马迁．史记・河渠书［M］//景印文渊阁四库全书-243册．台北：台湾商务印书馆，1982．

[4]（宋）马端临．文献通考・四裔考十［M］//景印文渊阁四库全书-611册．台北：台湾商务印书馆，1982：卷三百三十三．

[5]（南朝梁）萧统，（曹魏）嵇康．昭明文选・养生论［M］．中华书局，1977，卷五十三．

[6]（宋）马端临．文献通考・田赋考・水利田［M］//景印文渊阁四库全书-611册．台北：台湾商务印书馆，1982：卷六．

[7]周国林．魏晋南北朝时期粮食亩产的估计［J］．中国农业，1991：23-29．

石崇称自家有“金田十顷”，可见为丰产肥沃的耕地，亩产量必高于当时北方地区均值，甚至可能是亩产十斛（石）的良田。据此推测，金谷园十顷“金田”的产量约为五千到一万石。“石”在《说文解字》中被认为是“柘”的借字：“借为柘字；柘，百二十斤也。”“石”在《康熙字典》中也有“量”和“衡”的释义：“又量名，十斗曰石……又衡名，百二十斤为石。”

据刘复所著《新嘉量之校量及推算》一文，对故宫所藏新莽嘉量实测后，得五量每升平均值为203.66毫升。[1]又据《中国科学技术史·度量衡卷》，从汉到晋每升容积均合今日约200毫升，晋一斤合今220克。[2]由此推知一石约0.02立方米，26.4千克；五千到一万石约100～200立方米，合130～260吨。

西晋的赋税制度较为复杂。西晋在大多数时期，都沿用汉“三十税一”的低地税，但农民除了缴纳课田税外，还有户调、口赋、劳役、兵役等其他重负，再加上荫客制度的合法化，导致西晋土地的兼并严重，大量农民投身于地主的庄园，以逃避徭役。《汉书·食货志》曾记录秦代地主的收租比例：“或耕豪民之田，见税什五。”而晋代地主收租的情况尚难以查明。因此，也无从获知石崇从自家的收成中获取的比例。

在当时，粮食除作为口粮外，还被用来酿酒和饲养牲畜。金谷园人口在1000人左右，按照古代成年男子日消耗粮食1.8千克，女子、老人、儿童减半计算，一年口粮约400吨，再加上其他用途的粮食，一年消耗可能达到500吨以上。金谷园每年自产粮食130～260吨，远不足供应所需。因此，金谷园很可能凭借其丰富的农副产品（如桑、麻、水果、草药等），牧渔产品（猪、羊、禽、鱼等）和加工能力（如打谷、舂米，可能还有桑麻染织等手工艺技术），通过自由贸易获得足够的粮食，甚至囤积更多以备灾年所需。从需求的角度，推测金谷园的储粮量可能达到800吨以上。

综上所述，金谷园储粮建筑的容积和体量，是根据庄园对粮食的需求量来推测的。800吨粮食，大约占据620立方米的容积，即金谷园的粮仓容积很可能在620立方米以上，可以为面广二、三间，高二、三层的仓楼。

谷仓的形式，依据汉代和魏晋时期的随葬明器的外观，可以粗略分为囷和屋形仓两种。囷，仓体近似圆柱体，有伞状盖于囷顶，四周出檐，有些顶盖可以看到瓦样的纹理；或者仓体与盖连接，形如陶罐，顶部有圆形开口如罐口，覆有小顶盖；有些囷体下部有取粮口；有些囷底部有三足；有些囷上刻有字，如“粟万石”“黍种”“大豆”等，以便分类储藏谷物。屋形仓，可为单层仓或仓楼，潮湿的地区设足或为干阑式，楼阁仓有数层，每层分为数格。从明器陶仓楼的形式和做工来看，自汉至晋，发生了明显的退化或简化，这可能是由于丧葬习俗变化引起的。比较囷和屋形仓的结构，囷通常个体体量较小，造价较低，每一囷储存单一谷物，成群布置；屋形仓则规模较大，一楼多格，以满足多种谷物的储藏需求。仓楼比较容易满足620立方米的储藏要求，也似乎更符合石崇热衷炫耀的个性和雄厚的财力。而在庄园佃客的聚居区内，可能有体量较小的囷。

[1] 刘复．新嘉量之校量及推算［M］．台北：辅仁大学，1928.

[2] 丘光明．中国科学技术史·度量衡卷［M］．北京：科学出版社，2001：447.

## （三）步障

“步障”，是由一排竖杆、杆头绳索或横杆悬挂大面积织物组成的临时构筑物，竖杆下端或固定于障座，或栽于地面，可用于庭院，也可用于郊野或道路，以划定区域和遮挡视线，兼有阻隔风尘、日晒之用。孙机在《汉代物质文化资料图说》中对“步障”有类似叙述：“系于地面立柱，在柱头牵拉绳索，下挂帷幔；步障在庭院以致郊野都可使用。”[1]在东汉墓壁画中，也有将横杆绑于竖杆顶部形成框架的情况。南北朝及其后，步障仍在广泛使用，在北魏的墓室壁画中可以见到步障的图像。即使是在“行障”流行并记入卤簿制度的唐代，步障也保有一席之地。直到清代，绘画上仍可以见到步障。从图像资料看，步障的长度是根据需求而定的，高度常大于人的站立高度。从古代遗留的绘画来看，步障的主要作用是围合某一区域，使其具有一定私密性；或划分不同的区域，使之相互区分。（图2–71 ~ 图2–74）

71 | 72

◈图2–71　步障（东汉）（来源：陕西靖边东汉墓壁画）

◈图2–72　步障（北魏）1（来源：北魏宁懋石室线刻壁画）

[1] 孙机．汉代物质文化资料图说［M］．上海：上海古籍出版社，2008：276.

73
—
74

图2-73　步障（北魏）2（来源：山西大同沙岭7号北魏壁画）

图2-74　步障（清）（来源：徐扬《正阳门乾隆南巡图》）

“行障”之于“步障”的区别，主要在体量较小，结构独立；“行障”较“步障”为窄，一根竖杆撑在横杆的中间，横杆上悬挂织物，起遮蔽作用，竖杆下端多有障座，可立于地面，作为室内或室外的陈设，亦可手擎，成为随行用品。据已有考古学证据，“行障”出现的年代较“步障”为晚，河南邓州市学庄村南朝墓葬一画像砖被认为是目前“行障”出现的最早证据。在唐代和五代的绘画中可见典型的“行障”。（图2-75～图2-79）

75 | 76
77 | 78
79

◎图2-75　行障（南朝）河南邓州画像砖（来源：中国国家博物馆）

◎图2-76　行障（唐）（来源：李震墓墓道西壁）

◎图2-77　行障（唐）榆林窟25窟北壁弥勒经变局部

◎图2-78　行障（五代）榆林窟　第20窟　南壁弥勒经变局部

◎图2-79　行障（宋）佚名　迎銮图（来源：上海博物馆）

❶（唐）房玄龄等．晋书［M］//景印文渊阁四库全-255册．台北：台湾商务印书馆，1982：606.

❷（汉）刘歆．西京杂记［M］.（东晋）葛洪辑抄//景印文渊阁四库全书-1035册．台北：台湾商务印书馆，1982，12.

金谷园使用了“步障”，而未提及“行障”。金谷园设立“锦步障五十里”，除与王恺竞富之外，更有其划定区域的实际用途。西晋“里”约合今432米，五十里即21.6千米。如此长的步障，如果用来围合一个区域，可以围绕约2000～3000公顷的面积，在西晋约合四百到六百顷（因围合平面形状不同而异），这可能是石崇封山占水的范围。“锦障逶迤，亘以山川之外”[1]——锦步障所标志的很可能是庄园的边界。这样奢华却脆弱的边界，在金谷园主人势力强大、地位稳固时，是实力的炫耀和有震慑力的界限，而当主人失势时，就形同虚设。

## （四）建筑群的组织形式

石崇的宅院是金谷园中最主要的建筑群。依潘岳文义，金谷园建筑形成了几重院落，有“前庭”与“后园”。早在西周时，就有了廊庑围合成的近似矩形的庭院。汉代画像砖石上可以见到多进院落的住宅或园林，多数为非对称布局。金谷园的院落可能沿水岸串联，如东汉同袁广汉园那样“屋皆徘徊连属，重阁修廊”，[2]同时又依谷内地势，自水边向塬顶层层铺展，宅院中有花木茂盛的小园。考虑到沟谷地势和主人的游赏需求，可能有一些独立于主体宅院之外的楼阁台榭，沿河谷走向散落分布，以方便主人游憩。

侍卫、仆役、侍女等可能居住在主人宅院的几处偏院中。金谷园中还有八百苍头，自掘土窟，或建土屋，沿河而居，如同村落。

仓楼这种关系重大的生产性用房，很可能被纳入主人宅院的偏院。

厕所猪圈，作为一种固定的组合，通常位于后园一隅。但石崇家的厕所宽敞舒适，装陈讲究，别于寻常，有可能独占一进院落。

水碓房位于每个水碓旁，沿水岸排布。禽舍、畜栏等，一般距离主人宅院稍远，有可能是依土壁而挖掘的土窟。

从农庄自给自足的需求来推测，金谷园内可能还有桑、麻、棉的种植区和染织作坊。

## 四、金谷园宴集场景

石崇常携友人与同僚在金谷园中宴集，以西晋元康六年（公元297年，或《水经注》引文中为“元康七年”）送别石崇与王诩的大型宴集最为著名。当时参加宴集的主客共三十人，客人或带随从，服侍在旁的美姬、侍女、仆人、乐师等应在数百人。

《晋书》中“送者倾都，帐饮于此焉”，便是写金谷园这一次宴集。“帐饮”，便是送别友人时，在郊野设帷帐，以酒宴践行。金谷园的宴席，便是设在可遮雨蔽日的帷帐之下。并且，根据“昼夜游晏，屡迁其坐，或登高临下，或列坐水滨”[1]和“饮至临华沼，迁坐登隆坻”宾主边游园，边畅饮，宴饮的场所有多处，帷帐可搭建在平阔的高隆上，而列坐水滨则更可能是幕天席地的状态。

石崇《金谷诗序》和潘岳《金谷集作诗一首》是这样描述这次宴集的：客人们（乘坐马车或牛车）从洛阳城出发，朝发暮至，沉醉于金谷水边的山野美景：溪水萦绕，山路陡峭，池塘碧绿，青柳依依，汩汩翻动的泉水在水面翻起串珠样的泡沫。安置好宾客后，“游宴”就开始了。主人时而设宴在高地之上，使众人俯瞰山川美景；时而又引领大家列坐水滨，和着击鼓声传杯赋诗；推杯换盏中，甘醴熏红了人们的脸颊；车载着演奏琴、瑟、笙、筑、箫管、灵鼓的乐手们，使清幽的乐曲随行左右；游宴昼夜不停，送别的情意绵绵流长，繁华盛景下透出淡淡离愁。

## 五、金古园复原图

基于上述各节研究，将金谷园的特征小结如下：

第一，地域、历史年代与时代背景。金谷园存在于西晋中后期，位于西晋洛阳京畿。八王之乱是其时代背景。当时的社会环境，决定了石崇媚上求全、奢靡无度、又追求高雅情趣的生活状态，更与金谷宴集、司马伦政变、石崇之死等重要事件直接相关。地域和历史年代同时也决定了场景中的陈设、器皿、家具、乐器和人物服饰的种类及样式。金谷园的图景复原，正是基于这些场景、事件与特征。

第二，金谷园的定位。金谷园在北邙山东西走向沟壑的北坡，约在今日金水河北岸，胡张沟、杨沟一带，面积约二三千公顷。这一定位决定了金谷园的地理特征与自然景观特征，也决定了其主要建筑群与河沟谷地的位置关系。金谷园以北邙山的黄土台塬、冲沟、坳沟、河流和溪水为主要地理特征，拥有草木茂盛、花繁果丰、河流蜿蜒、池沼星布的自然环境。金谷园的主要建筑分布在河谷北坡，依阶梯状的地势布置院落。金谷水在这一段的主要流向为自西向东，略偏南，因此金谷园的主要建筑很可能以南向为正向，面对河流。

第三，金谷园的农业景观。金谷园有良田“十顷”和满坡竹柏、果

[1] （西晋）石崇．金谷诗序［M］//续修四库全书1605册．（清）严可均辑．全上古三代秦汉三国六朝文（已上卷三十二）．全晋文．上海：上海古籍出版社，2002：228.

林与草药，为自然资源与人工种植相结合的成果；农业景观还包括水碓（“三十区”）、水碓房、仓囷（总储藏空间大于620立方米）、畜栏、禽舍、土窟、农舍等。除囷（圆锥形囷顶）和仓楼（庑殿顶）外，生产性建筑的屋顶以悬山顶居多。仓楼可能建造在石崇宅院内或宅院附近。佃客聚居而成的村落中可能有囷。

第四，石崇的屋舍与庭院：金谷园中的石崇宅，由多重院落组成。宅院中包括门、廊、堂、楼阁、台榭、亭、望楼等单体建筑。通过院落，对社交、娱乐、居住、储藏、后勤等功能进行组织和划分。偏院中客房的规模或可容纳百人。厕所可能在宅内占据独立的院落，环境优美整洁，装饰华丽。仓楼可能在住宅的附近，或在一进偏院中，面阔二、三间，高可二、三层。西晋时期，宅第阙已经不再建造；堂与楼阁常见一、二、三开间；楼阁常见二到五层；屋顶主要为庑殿顶、悬山顶两种形式；叉手和平面化的一斗二升、一斗三升斗栱是普遍使用的构件；汉代常见的栌、横栱、腰撑、插栱和栾等结构，可能部分还被使用。一些独立的，或以廊连接的楼阁台榭，可能远离石崇的宅院，沿水岸而建，以便主人游憩。

第五，庄园中的杂役、佃客和手工业者的屋舍数百，聚集成村落。

第六，绵延五十里的锦步障，隐现于山水茂林之间，标志着庄园的边界。

对金谷园的图景想象着眼于以下几个方向：

第一，金谷园作为北邙山庄园的宏观景象（见章后插页）；

第二，石崇的园居生活日常；

第三，与金谷园相关的重要历史事件和著名场景（见章后插页）。

# 第三章 苏州太仓乐郊园

## 第一节 相门东墅 画意乐郊

乐郊园，或称“东园”，原是明万历年间内阁首辅王锡爵的别墅，专司芍药种植，由王锡爵之孙改建后，易名为“乐郊园”。但“乐郊园”的名字并没有被大范围地接受，在多数之后的相关文字资料中，此园仍被称作“东园”。

王时敏在父亲和祖父先后去世后，继承了包括园林、住宅、田产、典当行等庞大而丰厚的家产。王时敏，自幼随董其昌学习书法绘画，后为娄东画派的领袖人物，艺术造诣极深，笃爱园林。王时敏在东园旧址大兴改建，并反复修改。至少历时十四年园方建成。乐郊园在明末清初时极负盛名。清吴伟业《王奉常烟客七十寿序》云：“江南故多名园，其最著者曰乐郊。”[1]此言虽可能带了对主人的恭维，但敢于称“最著”者，也必为名园中的翘楚。作序时值王时敏七十寿，当时乐郊园已经年久失修。四个儿子虽已经接管数年，却无力维护。清末时乐郊园已无遗迹。

## 第二节 太仓王氏和东园兴衰

太仓王氏，是太原王氏后裔中的一支。太原王氏系姓始祖为周太子晋，其子为避周末乱世而居太原，改“姬”姓为“王”。太原王氏名将宰辅辈出，是唐宋时的名门望族。元末，太原王氏避“红巾之乱”迁江南，其一支于弘治年间迁至太仓，发展为明清两代太仓的第一大姓。太仓王氏名人辈出，最著名者为王锡爵、王时敏、王原祁和王世贞。

王时敏的高祖父王涌（号友荆）善经营，是太仓一带的巨富；祖父王锡爵（字元驭，号荆石，1534～1610）为明嘉靖四十一年（1562年）榜眼，万历二十一年（1593年），官至内阁首辅；父王衡（字辰玉，号缑山、别署蘅芜室主人，1562～1609）为万历二十九年（1601年）榜眼[2]，授任翰林院编修，因政治抱负无法施展而辞官回乡，中年早逝。

❶（清）吴伟业．梅村集·王奉常烟客七十寿序［M］//景印文渊阁四库全书-1312册．台北：台湾商务印书馆，1982：268.

❷（清）张廷玉．明史（卷二百十八列传第一百六）［M］//景印文渊阁四库全书-300册．台北：台湾商务印书馆，1982：588-591.

王时敏（原名王赞虞，字逊之，号烟客，又号偶谐道人、西庐老人，1592～1680）为王衡妾周氏所生，两位兄长早亡。王锡爵暮年得孙，格外疼爱，悉心培养，使其师从董其昌。王时敏“资性颖异，淹雅博物，工诗文，善书，尤长八分而于画，有特慧；少时即为董宗伯其昌陈征君（继儒）所深赏。”[1]王时敏十八岁继承王锡爵、王衡留下的偌大家业，以祖荫，二十四岁出任尚宝丞，后官至太常寺少卿，四十岁（1632年）称病辞官回乡，潜心于收藏、书法和绘画，改建东园，并增拓南园。王时敏晚年隐居于西田，八十九岁去世。“平生爱才若渴，不俯仰世俗，以故四方工画者踵接于门，得其指授无不知名于时。”[2]。

王时敏于己未年（1619）修整祖父留下的“东园”，并于庚申年（1620年）开始对此园大兴改建，“凡数年而后成”。《奉常公年谱》记载，乐郊园崇祯七年（1634年）落成[3]，并改名为“乐郊园”。代辉的《郊园十二景图中的园林世界》对乐郊园的建成年代进行了考证，认为乐郊园在崇祯七年（1634年）仍在改建中，改建至少历时十四年之久[4]。其证据为崇祯七年（1634年）陆世仪的《甲戌仲夏宴集王太常东园》：“乐郊昔日旧游地，此来又见经营初；小山才筑已余势，新沼乍成方始波。”[5]。

《王烟客先生集·奉常公遗训·乐郊园分业记》曰：“乐郊园者，文肃公芍药圃也；地远嚣尘，境处清旷，为吾性之所适；旧有老屋数间，敝陋不堪容膝；己未之夏，稍拓花畦隙地，除棘诸芽，于以暂息尘鞅；适云间张南垣至，其巧艺直夺天工，怂恿为山甚力；吾时正少年，肠肥脑满，未遑长虑，遂不惜倾囊听之；因而穿池种树，标峰置岭，庚申经始，中间改作者再四，凡数年而后成；磴道盘纡，广池澹滟，周遮竹树，蓊郁浑若天成，而凉室邃阁位置随宜，卉木轩窗参错掩映，颇极林壑台榭之美；不惟大减资产，心力亦为殚瘁……”[6]王时敏在这段文字中大致记录了乐郊园建造始末。古人常以画意入园，作为画家的王时敏必然会将其绘画造诣运用于园林的营造。如果说开始决定大肆改建园林是因张南垣在旁怂恿，那么而后的改作再四，则很可能是王时敏对园林艺术的迷恋使然。王时敏自称“于泉石癖入膏肓”[7]，大概可以概括其对园林的执着。

因为王时敏常年忽视家业经营，又维持着首辅之门的奢华生活、对园林无节制的投入和对字画收藏的嗜好，到崇祯年间，家产消耗太半。加之崇祯十年（1637年）到康熙初年太仓旱、蝗灾接踵，地租难收，赋税却有增无减，五千多亩田产成为王家巨大的负担。特别是入清之后，王时敏家失去了政治上的佑护和赋税上的优待，以人丁计税的制度使得王时敏家这样人丁众多的家族不堪重负。清顺治十八年（1661年）奏销案起，王时敏、王撰父子均在欠粮册中。王家境况窘迫，乐郊园也在多

[1]（清）张庚. 国朝画征录（上卷）[M]. 南京：萃文书局，江都朱氏藏版. 民国（具体年代不详）

[2] 同[1].

[3]（清）王宝仁. 奉常公年谱［M］. 北京图书馆编. 北京图书馆藏珍本年谱丛刊66册. 北京：北京图书馆出版社，1998年.《奉常公年谱》简称《奉谱》，是道光年间王时敏七世孙王宝仁根据家传文献为王时敏编撰的年谱，刊刻于道光十六年（1836）.

[4] 代辉. 郊园十二景图中的园林世界［D］. 杭州：中国美术学院，2016，11.

[5]（明末清初）陆世仪. 桴亭先生文集·甲戌仲夏宴集王太常东园［M］//续修四库全书-1398册. 上海：上海古籍出版社，2002：535.

[6]（明）王时敏. 王烟客先生集·遗训·乐郊园分业记［M］//清代诗文集汇编-7.上海：上海古籍出版社，2010：610.

[7]（明）王时敏. 王烟客先生集·遗训·自述［M］//清代诗文集汇编-7.上海：上海古籍出版社，2010：611.

年缺乏维护修缮的状况中逐渐颓败。

王时敏作为董其昌的嫡传弟子，与陈继儒、曾鲸、恽向、卞文瑜等前辈也都有交往。董其昌对王时敏爱护有加。1625年王时敏作《仿董北苑山水图》，董其昌题："逊之仿吾家北苑，里于子久、叔明，而笔墨浑古，尽洗吴中习气，此图尤合作者。董其昌题。"1629年，王时敏又作《仿董北苑山水图》，董其昌跋云："画法贵气韵生动，观逊之此图，笔墨清润，皴擦古澹，直得北苑神髓，即宋四大家不能过也。"1633年，王时敏作《拟云林春林山影图》轴，次年董其昌跋云："云林小景几作无李论，逊之亦披索殆尽，谁知笔端出现清閟主者，若再来骋妍竞春如此，珍重珍重。甲戌初冬，其昌。"三年后，王时敏的恩师董其昌过世。

鼎革后，曾经靠祖上荫庇在前朝为官的王时敏并没有被清廷征召，但是他的生存态度仍然是入世的。他广交绘画名家，扶持晚辈，交往密切者如王鉴、王翚、吴历、恽寿平等，并大力提倡"师古"，逐渐奠定了其清初画坛领袖的地位。王时敏极力培养后辈考取功名——其八子王掞为康熙五年（1666年）举人，孙王原祁为康熙九年（1670年）进士，并入值南书房。但是，子孙的仕途却没有使王氏家族的经济状况明显好转；也没有东园在此后得以修缮和维护的记录。《王烟客先生集·奉常公遗训·自述》云："……不得已而弃产偿逋……东园为短后曼胡者朝夕蹂践，岩石倾欹，山径齿缺，非复旧观；余以力难兼顾，分授诸儿，使之各自管摄；儿辈皆贫窭，不能整葺，日就荒颓；余触目伤心，终岁仅一再至。"[1]王时敏晚年移居"西田"，将东园分予诸子，希望他们加以管理和修缮，却未能如愿。以致在王时敏去世二十余年后，其孙王原祁托严虞惇撰写《东园记》时，都并没有请严虞惇去园中游赏，而是持"东园图"，请严虞惇看图撰文。可见此时的乐郊园已经破败到不堪游赏。

嘉庆年间的太仓州志将此园记载于"古迹"篇之下，并且没有当时状况的描述，大概清末时园林已无遗迹可寻访。

[1]（明）王时敏．王烟客先生集·遗训·自述［M］//清代诗文集汇编-7.上海：上海古籍出版社，2010：611.

## 第三节 乐郊园相关文献及图考

王时敏于“乙丑春仲”（1625年）嘱友人沈士充绘《郊园十二景》图册，描绘“雪斋”“秾阁”“霞外”“就花亭”“浣香榭”“藻野堂”“晴绮楼”“竹屋”“扫花庵”“凉心堂”“帆景阁”“田舍”共十二景。现《郊园十二景》图册藏于台北故宫博物院。（图3-1～图3-12）

因为《郊园十二景》图册作于东园改造早期，也被疑为园林改造的规划设计图，或有猜测图册中也收录了同时期改造的“南园”（以梅著名）之景，但这些猜测都没有证据。笔者更倾向于认为《郊园十二景》图册为写生之作——册页最后一幅有跋“乙丑春仲沈士充为烟客先生写郊园十二景”。画面结构自然，细节生动，毫无程式之感。虽然多个片段难成整体之观，但每幅图对园林景观在中观层次的相互关系，以及建筑的具体形象，都做了较为详尽的描绘。

1
—
2

图3-1 《郊园十二景》雪斋 明 沈士充

图3-2 《郊园十二景》秾阁 明 沈士充

3
4
5
6

图3-3 《郊园十二景》霞外　明　沈士充

图3-4 《郊园十二景》就花亭　明　沈士充

图3-5 《郊园十二景》浣香榭　明　沈士充

图3-6 《郊园十二景》藻野堂　明　沈士充

7
—
8
—
9
—
10

◎图3-7 《郊园十二景》晴绮楼　明　沈士充

◎图3-8 《郊园十二景》竹屋　明　沈士充

◎图3-9 《郊园十二景》扫花庵　明　沈士充

◎图3-10 《郊园十二景》凉心堂　明　沈士充

11
—
12

◎图3-11 《郊园十二景》帆景阁　明　沈士充

◎图3-12 《郊园十二景》田舍　明　沈士充

清初顺治八年（1651年）王时敏自撰《乐郊园分业记》，记乐郊园建造的缘起、经过和最终落成。

明崇祯版《太仓州志》（当时也称“南郭志”）记载此园。崇祯版《太仓州志》专设“园林”条目，此条目内容于清初被陈梦雷编入《古今图书集成》，后被称为《娄东园林志》而广泛流传。《娄东园林志·东园》记园景“揖山（楼）”“凉心阁”“期仙庐”“峭蒨”“扫花庵”“耕稼庵”“藻野堂”等，又有几处园景（楼、曲室、阁、板屋、廊）只有描述而无确切名称。

王时敏之孙王原祁曾在康熙四十三年（1704年）请严虞惇依照“东园图”撰《东园记》，后收于《严太仆先生集》。《东园记》记乐郊园“东冈之陂”“香绿步（长堤）”“梅花廊”“揖山（楼）”“春晓（台）”“宛转桥”“剪鉴亭”“镜上（舫）”“期仙之庐”“扫花之庵”“峭蒨”“纸窗竹屋”“烟上”“凉心阁”“清听（阁）”“远风（阁）”“画就”“绾春（桥）”“紫藤（桥）”“藻野堂”“香霞槛”“杂花林”和“真度庵”，共二十三景。严虞惇并没有亲自游历乐郊园。现在存世的《郊园十二景》图册又为不连续的片段景观，而作为撰写园记主要依据的“东园图”必为展示园林大观的总图。因此，王原祁当时展示给严虞惇的“东园图”并不是《郊园十二景》。“东园图”今不得见。

清雍正年间太仓洲治镇洋县。《镇洋县志》记清朝初年时遗存的十景："凉心阁""揖山楼""期仙卢""扫花庵""春晓台""香绿步""梅花廊""鉴镜亭""镜上舫"和"峭蒨"。

清嘉庆年间的《直立太仓州志》记，"藻野堂""揖山楼""凉心阁""期仙卢""扫花庵""春晓台""幽绿步""梅花廊""剪鉴亭""镜上舫""峭蒨"十一景。

《郊园十二景》与《娄东园林志·东园》中有"扫花庵""藻野堂""凉心阁"景名相同，"田舍"与"耕稼庵"相近。《娄东园林志·东园》和《东园记》所记园景名称相同或相近者为"揖山""凉心阁""期仙庐""峭蒨""扫花庵""藻野堂"六处。《娄东园林志·东园》的最早版本是明崇祯版《太仓州志》"园林"。《太仓州志》于1633年开始采写，到1642年被整理刊行，是在时间上最接近乐郊园全盛时期的文字文献。

《东园记》包含了雍正年间《镇洋县志》所记全部十景和嘉庆年间《直立太仓州志》所记全部十一景，写作年代早于《镇洋县志》约二十年，早于嘉庆《直立太仓州志》约六十年。基本可以认为《东园记》中的乐郊园，大体是此园经历多次修改后而最后确定的方案。而《镇洋县志》和《直立太仓州志》所记园景大为减少，与园林的进一步衰败有关。

与东园（乐郊园）相关的几种资料，依时间排序依次为《郊园十二景》（明天启乙丑年，1625年），《娄东园林志·东园》（明末），《乐郊园分业记》（清顺治八年，1651年），《东园记》（康熙四十三年，1704年），《镇洋县志》（雍正年间，1723年以后），记录了乐郊园不同时期的状貌。

综上所述，笔者认为《娄东园林志·东园》《东园记》《郊园十二景》三种文献对乐郊园图景研究最具有价值。

鉴于《娄东园林志·东园》的最初版本成稿于1633～1642年间，乐郊园有可能此后还有小的修改，但其大势在这个时间段不可能有太大变化，因此《娄东园林志·东园》是在时间上与乐郊园兴盛时期最为接近的描述。《娄东园林志·东园》按照完整的游园过程进行叙述，虽不详尽，且稍有前后不切合处，（比如亭、阁的数量前后描述不一致，）却有实地察访痕迹，因此是很有价值的文字资料。

严虞惇所撰《东园记》，力图比较完整地描述乐郊园最兴盛时期的面貌，可惜却是在园林已经颓败几十年后的补记。严虞惇在文中写道："岁之首月，公持东园图示余，且曰，自为我记之；余虽未获游东园，而览其图，可以得其大概焉，遂不辞而为之记；若其草树禽鸟之美，游观登望之乐，俟公他日政成而归，从公杖履之后，一一为公赋之。"[1]可见这篇园记不是来自于实地考察，而是依画描述。《东园记》行文采用了类似于鸟瞰的视角，叙述方式为模拟一东一西两条游览路径，园中景物题名都清楚地一一道来，但因为不是亲临，有些建筑方位或行进方式的描述就不够清晰。《郊园十二景》图册中的画面为不连续的局部园林景观鸟瞰，难以形成总体观，可能用作辅助参考。严虞惇赖以成文的"东园图"，应为可观园林全貌之总图，但是后来或踪迹隐匿，或遗失毁坏，今已不得见。

笔者将上述文字文献中重要的篇目辑录于《附录二》。

[1]（清）严虞惇．严太仆先生集·东园记（卷八）［M］//四库未收书辑刊8辑-19册．北京：北京出版社，1997：484.

## 第四节 乐郊园与王时敏的园居生活

王时敏《乐郊园分业记》云："所谓婆娑偃息于其间者，二三十年中，曾未得居其半。"可见乐郊园也曾是园主的一处重要居所。清顺治八年（1651年）王时敏撰《乐郊园分业记》时，已移居西田别墅。因此，王时敏"婆娑偃息"于乐郊园，大约是在1620～1650年间。从1614～1640年辞官回乡，期间王时敏一直有官职在身，特别是从1625～1640年间，曾赴任山东、河南、湖南、湖北、福建、江西等地，得职务空闲时，方可居住在自家园林中。此后，明清异鼎，王时敏因其父亲王衡、祖父王锡爵都以"尊王攘夷"为宗旨的《春秋》学起家等原因，未被清政府征召。1640～1650年，王时敏作为大家族的家长，劳困于繁重的赋役，加之经济困窘而无力修缮，乐郊园已有倾颓迹象。园主人触目伤怀，"经月判年，未尝一涉"。这些大概就是王时敏三十年中未能常住乐郊园的原因。

王时敏是山水画大家，清初"四王"之首。"凉心""清听""远风"诸阁是其渲染挥毫之处。揖山楼是以酒宴娱乐客人的社交中心。吴伟业《揖山楼》诗云："暝霭忽而合，明月出孤掌；弹琴坐其中，万籁避清响。"从中可以想象王时敏邀友人在琴音清响中赏月的情景。

广池南岸，藻野堂周围有芍药圃、牡丹圃、香霞槛和杂花林，是赏花之处；藻野堂南侧有佛阁，为主人礼佛修行之处。

据《奉常公年谱》，太仓王氏当时富有田产五千余亩。"小板屋"与"耕稼庵"便守望着广阔的平畴。

# 第五节 乐郊园图景

《娄东园林志·东园》和《东园记》两篇园记，虽然写作时间不同，但都着力描绘乐郊园兴盛时期的样貌。两篇各有可取之处，是笔者进行图景复原的主要根据；其他文献资料作为参考和补充。笔者将综合两篇园记，建立乐郊园的文字文献联系图，用其互证、互补之处，疏理其存在差异的部分，并在研究文字文献和《郊园十二景》图册的基础上，探究园林所处的外部环境、各个园林景观的相对位置和组织方式、园林景观的大致样貌和园林建筑的大致形式，体会园林空间的意境。

## 一、乐郊园的位置和面积

乐郊园的位置，在《娄东园林志·东园》中描述为“出东郭数十武”[1]；在《乐郊园分业记》中描述为“地远嚣尘，境处清旷”[2]；在嘉庆年间的《直立太仓州志》中描绘为“在东门外半里”[3]。明代一里约合今480米，半里合240米。一武约合今0.8米，数十武约为数十米。两者虽不完全一致，但其意大约乐郊园位于靠近太仓城东界的清旷郊野处。嘉庆年间的《直立太仓州志》卷二《太仓州城图》中标明了东园的位置，与文字描述大致符合。(图3-13)

太仓位于长江入海口南岸，明弘治十年(1497年)立太仓州，隶属于苏州府。“娄东”指狭义的太仓，即古镇洋县，范围大致包括今太仓市区。太仓气候温暖湿润，地势平坦少山，河道渠塘密布。据嘉庆年间的《直立太仓州志》载，太仓州城东北四十二里临海处曾有穿山，明中期正统年间尚有胜景，到清嘉庆年间也只剩残迹；太仓州城内及其附近有镇洋山、仰山、玉影山、抛沙墩等小山丘；太仓州城东千里平畴，有“冈体”绵延。

乐郊园的面积在几种文献资料中都未准确记载。最可信的一处，当是王时敏《乐郊园分业记》中写：“且此数十亩山池，一时求售固已甚难。”可知园林面积有数十亩。“数十”通常指三十以上。《东园记》：“园之中有山焉，盘基数十亩，高与之称，层峦叠岭……大约，山居园之一，水居园之九，竹石草木居园之六七。”[4]此处“盘基数十亩”存在歧义：据前后文义，似指山之盘基有数十亩，但结合后文的山水比

[1] (清)严虞惇．严太仆先生集·东园记(卷八)[M]//四库未收书辑刊8辑-19册．北京：北京出版社，1997：484.

[2] (明)王时敏．王烟客先生集·遗训·乐郊园分业记[M]//清代诗文集汇编-7.上海：上海古籍出版社，2010：610.

[3] (清)王昶等．嘉庆直立太仓州志：古迹·园林·东郊园[M]//续修四库全书-51册(卷五)．上海：上海古籍出版社，2002：698.

[4] (清)严虞惇．严太仆先生集·东园记(卷八)[M]//四库未收书辑刊8辑-19册．北京：北京出版社，1997：484.

例，若依此理解，园的面积至少有二百七十亩，显然不符合园主王时敏自述的园林面积。因此，“盘基数十亩”只能理解为园林整体的基址面积为数十亩。“数十”通常指三十及以上，而距一百尚远的数量。明尺普遍约为32厘米，则明代一亩约为614平方米。明代数十亩相当于大约2万到4万平方米，即今2～4公顷。

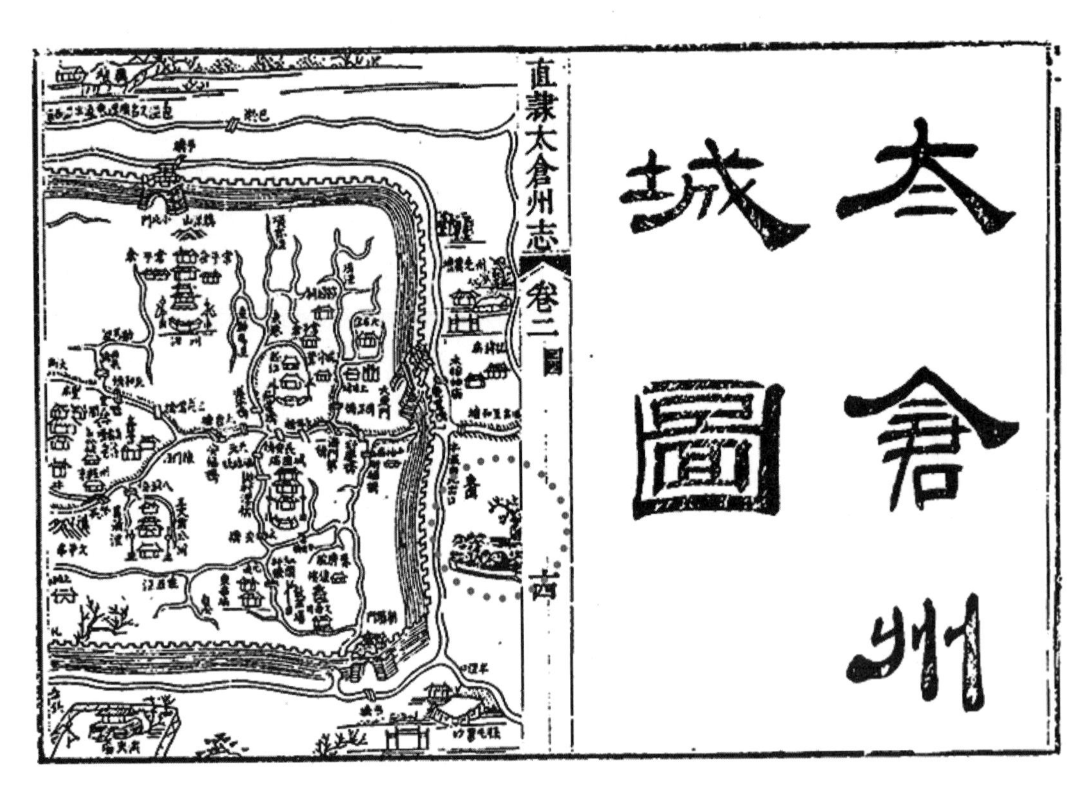


图3-13　东园　太仓州城图（来源：嘉庆《直立太仓州志》）

## 二、乐郊园的外部环境和入口位置

《娄东园林志·东园》对乐郊园的入口有如下描述：“出东郭数十武，入南便舍一门……”此入口应在出“大东门”东行半里的道路边。路南侧的一寻常小门便是入口。

《东园记》云：“外为崇冈，若拱若卫，东迤而北，连延其西，曰‘东冈之陂’，园之胜所从始也。”❶“东冈之陂”被严虞惇认作乐郊园胜景开始的地方，并作为叙述的原点。因此，“东冈之陂”所在方位就尤为重要。在多个版本的《太仓州县志》中均未见“东冈”之称。

“东迤而北，连延其西”是对冈体走势的描述。对这句话的理解可能存在歧义：可以理解为冈向东西两方延伸，其东支北折；也可以理解为冈自东向北，又延伸向西，势如自东向西中部向北突出的一条弧线。这两种理解都支持“东冈之陂”主要为东西走向的观点。后者非常符合“若拱若卫”的形象。因此，笔者更倾向于后一种理解。《东园记》又云：“隍池绕其北，平畴豁其南”❷，由此可知，园南界平敞，“东冈之陂”不可能在园南；园北有隍池❸，符合“东冈之陂”临近长堤“香绿步”的描述，也符合《直立太仓州志》卷二《太仓州城图》中东园的位置——园北有东西向漕河与城濠相连。

《娄东园林志·东园》云：“得小板屋，推户，平畴百十顷；看耕稼庵，前系艇、刺艇；上下冈陂回互周见。”❹小板屋以窗对平畴。结合《东园记》“平畴豁其南”，则小板屋窗朝南开，而且小板屋位于乐郊园几乎开敞的南侧边缘上。在这里不仅能看到南侧的平畴百十顷，也能看到呈环抱势的冈陂。可见乐郊园在上、下冈陂间的平畴之北。嘉靖年间的《太仓州志》云：“太仓之东有所谓冈身，曰太仓冈身，曰上冈身，曰下岗身，曰归吴冈身；其下皆沙碛螺蚌，地宜菽麦。”❺可惜此后多个版本的太仓州志也都只记冈名，而没有具体的地点描述，因此乐郊园与所谓上冈、下冈的距离就很难确定。“东冈之陂”可能是乐郊园附近的一个冈身的片段。文言“一百”“一千”“一万”等数量词，常省略“一”，如文中“百十顷”即“一百一十顷”，约合今675公顷❻。

从《东园记》所描述的东、西两条线路来看，从东北梅花廊和西北石桥都可以入园。《娄东园林志·东园》的采写者择西北侧入园，顺时针游览园林一周而回到出发点。这两点也支持“东冈之陂”在东园之北。

综上所述，笔者认为，“东冈之陂”以东西走向为主。乐郊园拥有两个主要入口：其一，从园东北方向度长廊而入园；其二，从园西北方向度石桥而入园。

❶（清）严虞惇．严太仆先生集·东园记（卷八）［M］//四库未收书辑刊8辑-19册．北京：北京出版社，1997：484.

❷ 同❶

❸《说文》：“隍，城池也，有水曰池，无水曰隍。”这里以“隍池”指与城濠相连的漕河。

❹（明）张采．娄东园林志（考工典·园林部）．东园［M］//古今图书集成-790册．上海：中华书局，1934，7.

❺（明）周士佐，张寅．嘉靖太仓州志［M］．天一阁藏明代方志选刊续编-20册．上海：上海书店，1990：10.

❻ 明代一顷约合6.14万平方米（6.14公顷）

## 三、乐郊园的山水布局

从《娄东园林志·东园》所描述的游园路径可知，从西北入乐郊园，需经两桥——小石桥跨过北渠；平桥跨过修池；而南侧又有大池，泛舟南行可达南缘藻野堂和紫藤桥；而山石、建筑、竹树，就在水之间隙、水畔或两水之间。这与严虞惇《东园记》所记“山居园之一，水居园之九，竹石草木居园之六七”[1]的比例相近。

山体和主要建筑集中于园北部，楼阁相望，廊榭连檐，秀山小崖，幽篁密林；南部被水体、树林、花圃占据，只有藻野堂和真度庵两座建筑，清旷而富于野趣。从总体的山水格局来看，形成了北密南疏、北动南静、北高南低的明显对比，或可被视为一种对偶关系。

## 四、乐郊园北部和中部

园北部，《娄东园林志·东园》描绘为：“……入南便舍一门，度小石桥，历松径，繇平桥，启扉得廊；廊左修池宽广可二三亩；廊北折而东，面池有楼，曰揖山；循左屋数间；右石径后多植竹，竹势参天，有阁曰凉心。”[2]《东园记》曰：“外为崇冈，若拱若卫，东迤而北，连延其西，曰东冈之陂，园之胜所从始也；缘以长堤，曰香绿步；自陂而东，度梅花廊，有楼岿然，向背皆水，山当其面，朝霞夕晖，爽气相接，凭栏眺远，万象鲜霁，名之曰揖山，其台曰春晓……迤而西，凉心阁也，半在水半在山……”[3]

“东冈之陂”是自然冈体，在园北缘之外，如上节所论述。临近的“香绿步”长堤，即《东园记》中提到的围绕园北的“隍渠”之堤。

《娄东园林志·东园》描述揖山楼为“面池”，《东园记》描述揖山楼为“向背皆水”，因此，揖山楼之北的水非池，当为河渠，其南为修池，背渠而面池；“山当其面”指池对岸有山体与楼相对，正合《娄东园林志·东园》中“揖山”之题名。古人为园景题名常有炼字之好，力求恰当精妙——“揖山”恰当地表达楼与山的相对位置。“揖”是相见时的拱手礼，暗含了行礼之人在近前的意思，因此，楼与人工山距离较近，其间有池则必非广池，而为窄池。由上述分析可知，在北侧自然冈体的环抱中，园北部景区，由北向南依次为河渠、游廊与揖山楼（及春晓台）、修池和土石山。

“凉心”是在《郊园十二景》《娄东园林志·东园》和《东园记》中都出现的建筑，只是在《郊园十二景》被称为“凉心堂”，而在两篇园记中被称为“凉心阁”。在“凉心堂”图中可见，堂在窄渠岸上，密竹围绕，左右连曲廊，比较符合《娄东园林志·东园》对凉心阁的描述。而《东园记》对凉心阁的定位为“纸窗竹屋”与“烟上”之西，并且靠山浸水而建：“……老屋三间，颜曰纸窗竹屋，其北界两水之间，曰烟上；迤而西，凉心阁也，半在水半在山，每清风徐来，明月孤映，虚澄朗澈，形神翛然，不知身之在何世也。”[4]此处所描述的凉心阁与之前大

[1]（清）严虞惇．严太仆先生集·东园记（卷八）[M]．四库未收书辑刊8辑-19册．北京：北京出版社，1997：484.

[2]（明）张采．娄东园林志（考工典·园林部）．东园[M]．古今图书集成-790册．上海：中华书局，1934，7.

[3] 同[1].

[4] 同[1].

不相同，应是园主人曾将其改建，地点、形式都有较明显的变化：初为梅花廊东南末端的单层建筑，后改为水渠南岸山脚处半架于水上的楼阁建筑。

乐郊园的园廊完全集中于园北部，这与园北部活跃的园居生活需求直接相关。

园廊首先被用作入口处引导空间：其一，从园东北堤岸度梅花廊，到揖山楼，廊跨越北面狭长水道；其二，从园西北过两桥启扉入长廊，婉转东北，到揖山楼，从单面空廊到双面空廊，形成逐渐开敞的空间序列。由此，两侧园廊均将游人引向乐郊园的娱乐和社交中心——“揖山楼”。楼前有广台“春晓”，台上搭凉棚，是宴集的场所。从梅花廊到揖山楼，是宾客到达宴会现场最便捷的路径。东侧园廊又不止于揖山楼，转而向东南，至“宛转桥”方止。宛转桥是通向中部和东部景区的节点。

西侧园廊可能为单侧空廊。门外只见墙垣，入门才见廊。廊除了作为入口引导空间，还划分了入口庭院，并规定了观赏方向，使人不能入门见山，而是向左观小池，并循廊左转，自然而然地完成“北折”的过程，视线也随廊右侧隔墙的消失而变得开阔，向右观荷塘，望见揖山楼，并带着对到达揖山楼的期待，随廊右转而到达目的地。

揖山楼东西两侧曲廊犹如臂弯，怀抱一汪绿池，与对面的山冈一起，分隔出单纯而完整的空间。

园中另一园廊，在山西南麓，衍水中，只记载于《娄东园林志·东园》：“北泛遇小崖，循崖登，望木石起伏，夹路树影；衣崖穷一窦，有屋倚水，旁通廊，廊衍水中，委曲达亭上；东折，繇平石桥还揖山楼下。”[1]《东园记》云：“山峙水中，水周山外，楼台亭阁，宛在水中央；大约，山居园之一，水居园之九”[2]。根据这两处描述，土石山体中部累石而成小崖；自小崖向西，有屋与亭，以衍水之曲廊相连接；此处园廊相对独立，以水边之屋为开端，以小亭为终止，似乎特为享受逶迤水中的乐趣而设。自小崖向东，山北麓有凉心阁，山南麓有清听阁、远风阁。土石山以南为广池，池占据了乐郊园的大部分面积。

## 五、乐郊园南部

《娄东园林志·东园》云：“南泛藻野堂；堂咢然而大，下莳芍药满阡陌，舟及岸，憩小平桥，紫藤下垂，古木十余章，绕水如拱揖，东折石径，见梵阁藏松际。”[3]《东园记》云：“转而东南行，有桥曰紫藤，丛篁荫覆，水草披拂，波光徘徊，若杂若合；桥之东南曰藻野堂，园之高明弘畅处也；堂广数亩，前莳芍药；又其东，曰香霞槛，前植牡丹……桥之南曰杂花林，稍进曰真度庵，清磬一声，万籁都寂；高人胜流，时相往来，坐茂树，掇落英，又园之清绝处也。”[4]

乘舟向南渡广池，可到达藻野堂、紫藤桥和真度庵。据《娄东园林志·东园》描述，从园东北部小板屋南泛，先过藻野堂，再憩紫藤桥。据《东园记》描述，自园西北部的绾春桥东南行，先到紫藤桥，后到藻野堂。二者互为印证，可以确定藻野堂在紫藤桥之东南。

[1] （明）张采．娄东园林志（考工典·园林部）．东园［M］//古今图书集成-790册．上海：中华书局，1934，7.

[2] （清）严虞惇．严太仆先生集·东园记（卷八）［M］//四库未收书辑刊8辑-19册．北京：北京出版社，1997：484.

[3] 同[1].

[4] 同[2].

藻野堂宏大宽敞，《娄东园林志·东园》云“堂罘然而大”，《东园记》云“堂广数亩”。“数亩”若非虚指，则堂面宽达40米以上，显然不符合《郊园十二景》图册中所绘的藻野堂形象；而且，那样宏大的建筑出现在园林的幽僻之处，又没有明确的功能指向，也有悖常理。因此，笔者认为“堂广数亩”可以理解为藻野堂建筑及其所控制的周边区域的总面积。比如，藻野堂与其到池岸间遍植芍药的慢坡相互映衬，形成带有明确特征的区域景观，此区域达数亩之广；又比如，藻野堂可能在1625年之后加建了附属结构或附属建筑，围合了一定的开敞空间，从而使建筑群整体达到数亩之广；抑或者，藻野堂因为自身的宏大宽敞和周围开阔平坦的河岸景观的衬托而显得“罘然而大”，使得描述者不禁夸大了面积。

《娄东园林志·东园》记梵阁在紫藤桥东，《东园记》写真度庵在紫藤桥南的杂花林附近。笔者认为，“梵阁”与“真度庵”大概为同处，位置在紫藤桥东南，藻野堂之南或东南。真度庵隐于松林中。

## 六、乐郊园东北部

土石山之东有一组院落建筑，由期仙庐、扫花庵、峭蒨、纸窗竹屋（或小板屋）组成。《娄东园林志·东园》云：自山南麓之阁，“度竹径，南累石穴，上置屋如谯楼；且行，小折，启一扉，曲室数十楹，有阁斜望凉心；少弱出而东，更折而南，小山平起，上隐桂林；山尽便得一门，内为期仙庐；庐前颜曰峭蒨，凿方沼，中突二峰；不数步入扫花庵；再进，得小板屋，推户，平畴百十顷。”[1]《东园记》云：“折而南度宛转桥，其东南为剪鉴亭……舫曰镜上……亭之北，下土冈，折而东，竹树蓊郁，杂英纷披，窈窕清深，若轶壒埃，庐曰期仙之庐，庵曰扫花之庵；夹于两水之间者曰峭蒨，皆园之灵秀奇绝处也，水中大石兀立，怪突不可状，古藤缠之；水之阴为竹，水之阳竹无穷极，杂以桂树；老屋三间，颜曰纸窗竹屋；其北界两水之间，曰烟上。”[2]这两篇园记对园东北部景观的描述部分可互为印证和补充，部分却存在差异和模糊之处。

先入期仙庐，再现扫花庵，两者似为庭院建筑，由《娄东园林志·东园》中的描述可推知，扫花庵在期仙庐之南。期仙庐入口可能在小山之东北侧，小山上有桂林，小山西北有阁。“小山平起，上隐桂林”的描述带有明显的仰视视角，因此“山尽便得一门”更像是向东从小山北缘路过，或者向南从小山西缘路过，而非翻越小山。据《东园记》记载，期仙庐的入口在土冈之东或东北，土岗上有剪鉴亭，剪鉴亭西南有两阁在山南麓。若假定《娄东园林志·东园》所提到的小山西北之阁与《东园记》所提到的山南麓之阁是同一处，则小山在土冈之南，期仙庐在小山东北侧，在土冈东侧，且期仙庐必有一南、一北两个入口。若

[1] （明）张采．娄东园林志（考工典·园林部）．东园［M］//古今图书集成-790册．上海：中华书局，1934，7.

[2] （清）严虞惇．严太仆先生集·东园记（卷八）［M］//四库未收书辑刊8辑-19册．北京：北京出版社，1997：484.

假定“土冈”即“小山”，且剪鉴亭建造时间较晚或隐于桂林中，则期仙庐入口在土冈东，而土冈西侧阁楼，可能原坐落于西北侧，后改建在西南侧山麓。结合《郊园十二景》图册《扫花庵》：庵后为一独立小山形象，山上有桂林，说明不仅期仙庐西侧有土冈或小山，其南侧的扫花庵也背靠小山，并且这座小山的形象与“小山平起，上隐桂林”特别相符。因此，笔者倾向于第一种假设，即桂林之小山与剪鉴亭之土冈为各自独立的南北两处景观，而小山西北与土冈西南的阁很可能为同一组建筑。

庭院内有两水流经，并汇为池，池中置岛立大石而造峭蒨之景。扫花庵位于这组建筑的一进跨院中，由《郊园十二景》图册中《扫花庵》图可以看到三面围合的院落，右携清流，背靠小山。笔者因此推测，扫花庵位于峭蒨之西，主要建筑面东。《娄东园林志・东园》云：“水前后通流”。从园林的整体水系布置来看，要形成园林整体水系的环路，园东北的水道流向以东西向为合理；同时《东园记》中有“水之阴……水之阳……”的叙述，也证明这里的两条水道的走向以东西向为主。从而，《郊园十二景》图册中扫花庵右侧的流水即为与峭蒨之景相连的水渠之一。如前文分析，两条水道为东西向；峭蒨山池景观“夹于两水之间”；峭蒨在期仙庐“前颜”；水北侧为竹林桂树和纸窗竹屋；期仙庐靠近土冈；综合上述条件，可以推断出期仙庐的主体建筑坐西向东，院落南北两侧可能都有入口。

对园东北部这一组建筑的描绘，在两篇园记中唯一不同之处在于《娄东园林志・东园》之“小板屋”与《东园记》之“纸窗竹屋”没有一致性。在《郊园十二景》图册中，有一景名“田舍”，绘一歇山建筑对平畴开窗，与《娄东园林志・东园》之“小板屋”比较吻合。《郊园十二景》图册中又有“竹屋”图，在名称上与“纸窗竹屋”相近，描绘一组屋舍隐于山麓竹林中；但《东园记》中没有提到“纸窗竹屋”处有山冈。很难确定竹屋之景是在后来的改建过程中重建于他处，还是《东园记》忽略了对“纸窗竹屋”附近的显著地形的描述。《东园记》中，从水之阳的竹林桂树到“烟上”的描述，有遵循自南向北空间顺序的痕迹，因此，“纸窗竹屋”位置在峭蒨之北，“烟上”则为园东北部景观的北部边界。

## 七、乐郊园东部

广池东岸，有《娄东园林志・东园》所称“耕稼庵”，或即为《郊园十二景》图册中所绘“秾阁”。“……得小板屋，推户，平畴百十顷；看耕稼庵，前系艇、刺艇；上下冈陂回互周见。”[3]，而“秾阁”图中恰有小艇系于屋前水中，自近景木桥延山脚到秾阁的观看角度，正如乐郊园平面示意图中由剪鉴亭东南望所能看到的景象——带状的低矮土山、耕稼庵、庵前木桥和渡口小舟。因此，笔者推测“秾阁”和“耕稼庵”是位置功能相似的建筑，或者是同一组建筑，先命名为“秾阁”，而后或经改建，最终定名为“耕稼庵”。但是这组建筑在《东园记》及其后的文献中未找到记载。小板屋以南，耕稼庵及广池东岸以东，为广阔的平畴。

[3]（明）张采．娄东园林志（考工典・园林部）．东园［M］//古今图书集成-790册．上海：中华书局，1934，7.

## 八、乐郊园复原图

笔者基于《娄东园林志·东园》《东园记》和《郊园十二景》图册，建立文字及园林绘画间的互证与联系，绘制乐郊园文字文献联系图（见章后插页）；探究园景之间的相对位置，绘制乐郊园平面示意图（见章后插页）；最终推演出图景式复原鸟瞰《乐郊园图》（见章后插页）。想象王时敏在园中短暂却诗意的栖居，有《藻野堂》《凉心阁》《期仙卢与峭蒨》《紫藤桥》数幅园居图景，皆引用于此（图3-14～图3-15）。

14 | 15

图3-14　乐郊园　凉心阁　严东《当代中国画实力派画家作品集——严东》

图3-15　乐郊园　期仙庐与峭蒨　严东《当代中国画实力派画家作品集——严东》

# 第四章 苏州紫芝园

## 第一节 梁生朱草 石倾焦土

紫芝园是明代长洲望族徐氏所建造的几处园林之一。据范允临[1]撰《诰封奉直大夫尚宝司少卿芝石公行状》记载，徐仲简（号芝石）祖上善经营，累家资巨万。徐仲简之父徐封（字墨川），嘉靖丙午（1546年）遇饥年，为接济乡民生计而造园——这种造园动机，或为范允临的溢美之词，但也不失为两全之策。徐树丕《识小录》中则更准确地记述道，“园创于嘉靖丙午”。园初建时未命名，以其主要建筑“东雅堂”为代称。又因其叠石造山之盛，被民间称“假山徐”。王穉登受徐景文之托作园记，并将其命名为“紫芝”，已是建园后四十余年重修时的事了。

此园“位置区画，皆出名公”[2]；“园初筑时，文太史为之布画，仇实父为之藻缋”[3]。墨川公在十余亩的范围内聚石为山，环以曲池。其子芝石公（徐仲简）不善经营家业，墨川公晚年时，已家道中落；紫芝园也成为任由闲人出入的败园；幸而墨川公之孙徐景文，万历丙戌（万历十四年，1586年）中进士，官太仆寺少卿、监察御史，才收回家园，加以增葺和管理，并嘱王穉登作园记以记录紫芝园当时的盛况。崇祯年间，徐氏兄弟（应为徐景文子辈）构大讼，无奈将园林售予项煜。[4]紫芝园易名“项家花园”。项煜因投靠李自成而引发民愤，“居民以义愤付之一炬，靡有孑遗”[5]——一代名园，倾覆于焦土之下。

❶ 范允临（1558～1641）字长倩，明代官员、书画家，字长倩，号长白，范仲淹第十七代孙，南直隶苏州府吴县（今属江苏）人。万历二十三年进士，官至福建布政司参议。其父范惟丕为徐泰时同僚。徐允临少年失怙，后入赘徐泰时家为婿。他曾为多为徐氏族人作传，如为徐泰时作《明太仆寺少卿与浦徐公暨元配董宜人行状》，为徐仲简作《诰封奉直大夫尚宝司少卿芝石徐公行状》，均收于《输寥馆集》。

❷（明）范允临．输寥馆集·诰封奉直大夫尚宝司少卿芝石公行状［M］//四库禁毁丛刊·集部-101册（卷五）．北京：北京出版社，1997：319.

❸（明）徐树丕．识小录·紫芝园［M］//丛书集成续编-89册．上海：上海书店，1994：1041-1043.

❹ 项煜（1598～1645），字仲昭，号水心，明天启甲子（1624年）科举人，乙丑（1625年）进士，明末投靠李自成；自成败后，逃至南京，又亡命慈溪，为乡民所杀。

❺（明）范允临．输寥馆集·太学生墨川徐翁暨配缪孺人传［M］//四库禁毁丛刊·集部-101册（卷四）．北京：北京出版社，1997：295.

## 第二节 长洲徐氏家族与紫芝园的兴衰

魏嘉瓒在《苏州古典园林史》中提到明代长洲徐氏家族所建的三处园林，分别是徐泰时之“东园”[1]（在曾祖父的别墅的基础上改建，其遗存为今日留园）、其子徐溶之“西园”[2]（其遗存为今日西园寺），以及其堂伯父徐封（号墨川）之别墅（后得名“紫芝园”）。另有徐封之弟徐佳，以赌博赢得王氏“拙政园”，以及徐泰时养子（亦为女婿）范允临所建“天平山庄”。

长洲徐氏的祖辈在江西洪都（今南昌）西陇。宋淳熙年间，徐寿迁到常熟县直塘里。十一世徐渊举家迁致长洲彩云里。徐渊之子徐朴（晚号寻乐老人），“雄于赀富而好行其德”[3]。徐朴晚年时建别墅，即为后徐氏“东园”的基础。徐朴之子为徐焴（号南康）与徐耀（号雪井），皆有商业才干。徐耀之子徐履详（号古石）嘉靖辛丑进士，官尚玺卿，“阊门外下塘，江西会馆、陶家池、花埠、十房庄、六房庄、桃花墩，皆明尚宝徐履详宅（工部溶之祖）；徐富甲三吴，长船浜即其泊帐船处；其墓有三，一在一云山，有千亩，一在东龙池，有三百余亩，一在尧峰山，亦千亩外。”[4]长洲徐氏经历数代发展，家富且贵。

紫芝园的创建者徐封，是徐履详的同辈，徐泰时的堂伯父。相较于东园、西园，紫芝园是长洲徐氏园林中保有比较久的一处。徐树丕《识小录》记：“余家世居阊关外之下塘，甲第连云，大抵皆徐氏有也；年来式微，十去七八，惟上塘有紫芝园独存……因兄弟构大讼，遂不能有，尽售与项煜，煜小人；其所出更微，甲申从贼，居民以义愤付之一炬，靡有孑遗；今所存者，止巨石巍然旷野中耳；园创于嘉靖丙午，至丙戌而从伯振雅联捷，至甲申，正得九十九年，不意竟与燕京同尽。”[5]

紫芝园自嘉靖丙午（1546年）建造，后衰落十余年。范允临《诰封奉直大夫尚宝司少卿芝石公行状》中记，徐仲简（芝石公）掌家业时，疏于经营，子徐景文应试十往十返，其间“东雅堂几易姓矣”[6]。

徐树丕《紫芝园》收王穉登所做园记中记：“晚岁家渐旁落，台省郡邑诸公，登临燕集，祖饯交会，钟鼓干旄，至者往来出入不问主人，使泉石薜萝厚颜蒙耻，凡若干年；丙戌以后，太仆君登高华，涉清要，游者不敢阑入，而后园始复为徐氏有矣……创于嘉靖丙午，修于万历丙申……”[7]

[1] 东园，徐履详之子徐泰时（号舆浦）所建园林。徐泰时，万历八年（1580年）进士，授工部营缮主事，主持修复慈宁宫，营造寿陵；万历十七年（1589年），因受人忌恨而遭谤诬，仕途断送；徐泰时自此归乡，寄情园圃，在曾祖父寻乐公的别墅的基础上，改建园林而成“东园”。徐氏保有“东园”约百年，后“东园”几易其主，数次改建，今日“留园”，便是在其址修缮与修复而得。

[2] 西园，徐泰时之子徐溶所建园林，建后不久就舍为寺院，清代毁于兵燹后又有重建，即今日“西园戒幢钟寺”。

[3]（明）范允临．输寥馆集·诰封奉直大夫尚宝司少卿芝石公行状［M］//四库禁毁丛刊·集部-101册（卷五）．北京：北京出版社，1997.319.

[4]（清）顾震涛撰，甘兰经等校点．吴门表隐（卷一）［M］．南京：凤凰出版社，1999.

[5]（明）徐树丕．识小录·紫芝园［M］//丛书集成续编-89册．上海：上海书店，1994：1041-1043.

[6]（明）范允临．输寥馆集·诰封奉直大夫尚宝司少卿芝石公行状［M］//四库禁毁丛刊·集部-101册（卷五）．北京：北京出版社，1997：319.

[7] 同[5].

由上面两则看，墨川公晚年时，徐氏家业中落，园南部东雅堂一带可能曾售与他人，保有的部分也无力维持，而任由旁人入园践踏。至万历丙戌（1586年）被墨川之孙徐景文收回并开始修葺整治，万历丙申年（1596年）修葺完成。此后三十余年，徐氏保有紫芝园。

后园被售与项煜，改名为“项家花园”，甲申[1]年（1644年）被烧毁。

从徐墨川别墅，到紫芝园，再到项家花园，近百年。紫芝园随大明而逝，三百余年无声息。它静默于陈宣与墨迹之间，徘徊于代代文人的记忆中。

2020年，曾有当地一地产项目将“紫芝园”作为其“文化概念”，用于该地产项目4000平方米的中心庭院。

## 第三节 紫芝园相关文献及图考

记载紫芝园的文字文献主要来自三处：明代范允临撰《诰封奉直大夫尚宝司少卿芝石公行状》和《太学生墨川徐翁暨配缪孺人传》收录于《输寥馆集》；清代王稺登受徐景文之托所撰园记，收录在徐景文之侄徐树丕所撰《识小录·紫芝园》中。原文收录于《附录六》。

徐封（墨川）的传记和徐仲简（芝石）的行状，记录了长洲徐氏家系渊源、徐墨川建园概况、园主的园居生活和社交，以及明末清初徐氏在财力和社会地位上的衰落。

《识小录·紫芝园》则详细记载了紫芝园的位置、布局、景物风貌、得

[1] 崇祯十七年为甲申年，明清鼎革，紫芝园毁于社会的动乱中——当时紫芝园已易主于项煜，被称“项家花园”；项煜投靠李自成，李自成败走后，居民烧其园以泄愤。

名和兴衰始末。《识小录》的编者徐树丕[1]，是徐景文之侄。《紫芝园》一篇，记录了紫芝园创建和在明末清初被毁的经过，并收录了王稺登撰写的“紫芝园”园记。王稺登是文徵明的弟子，与徐默川之孙徐景文同辈，在徐景文增葺紫芝园后受托付而撰园记。王稺登对紫芝园的描述为鸟瞰视角下的多路径描述。

## 第四节 紫芝园主人的园居生活

徐封（墨川公）为紫芝园的创建者。他豪迈俊爽，广结名士。紫芝园初建，即有文徵明为其筹划布局，仇英为其设计色彩与装饰；在建造过程中，园内亭台楼馆、峰岩洞壑常有名士墨宝题名，如文徵明题“永祯”堂、“五云”楼、“东雅”堂、“白雪”楼、“遣心”槛，许元复题“有恭”堂；在万历年间重修的过程中，亦有王稺登题永祯堂之“揽秀”门、“仙掌”峰。

园成，园主墨川公以艺文、酒、棋会友，谈笑皆鸿儒，“延至一时名士，如文衡山[2]父子，王雅宜[3]兄弟，彭孔加[4]、仇实父[5]、汤子重[6]辈，相与觞咏啸歌，留连竟日，盖雍容文酒矣。”[7]“（东雅堂）以故一时名胜，若文徵仲父子，王履吉兄弟，逮王子禄、汤子重辈，咸雅慕之日，登斯堂，相与啸歌，竟日或至丙夜，犹闻敲灯落子声；客有不韵者，辄拒之户外，毋溷乃公为也……”[8]

墨川公雅好收藏书籍、酒器、瓷器、绘画等古董，不屑商贾事务。“平生雅好秇文，床上积书与屋齐，尊彝、绘素悉钓致，以供玩弄；曰吾拥此如南面百城，作老蠹鱼游万卷中，甚快，安能效贾人富儿持筹握算为阿堵奴哉……”[9]这些收藏品消耗了主人大量的金钱与时间，必将置其于宅与园中，收藏、陈列并赏玩。

[1]（明）徐树丕，字武子，号活埋庵道人，苏州长洲人，为苏州下塘徐氏十七世，明诸生，入清不仕，著述自娱。《识小录》是徐树丕撰书札，成书于清初。

[2] 文衡山，即文徵明（1470～1559），名璧，字徵明，号衡山居士，明代书法家、画家、文学家；吴门画派代表人物，与沈周、唐寅、仇英合称“明四家”；擅长诗歌、词曲、散文，与祝允明、唐寅、徐祯卿并称“吴中四才子”。其次子文嘉，亦为吴门画派画家。

[3] 王雅宜，即王宠（1494～1533），字履仁、履吉，号雅宜山人，明代书法家、文学家。王守（1492～1550），王宠兄，字履约，号涵峰，嘉靖五年进士，明代书法家。徐墨川嘉靖丙午（1546年）建园时，王宠已过世，这里的“王雅宜兄弟”，可能仅为其兄王守。

[4] 彭孔加（嘉），即嘉年（1505～1566），字孔嘉，号隆池山樵，明代书法家。

[5] 仇实父，即仇英（约1497～1552）字实父，号十洲，江苏太仓人，移居苏州，明代画家，与沈周、唐寅、文徵明合称“明四家”，尤擅人物、青绿山水。

[6] 汤子重，即汤珍（1481～1546），字子重、仁卿，号双梧，明代嘉定高桥人，迁居长洲，明代诗人、文学家，著有诗文《小隐堂诗草》。

[7]（明）范允临．输寥馆集・诰封奉直大夫尚宝司少卿芝石公行状．[M]//四库禁毁丛刊・集部-101册（卷五）．北京：北京出版社，1997：319.

[8]（明）范允临．输寥馆集・太学生墨川徐翁暨配缪孺人传［M］//四库禁毁丛刊・集部-101册（卷四）．北京：北京出版社，1997：29.

[9]（明）范允临．输寥馆集・太学生墨川徐翁暨配缪孺人传［M］//四库禁毁丛刊・集部-101册（卷四）．北京：北京出版社，1997：295.

徐仲简亦爱书籍、古玩，结交名士，不善经营家业。“芝石公俶傥大度，不屑家人生产。自汤宜人归，即持葳蕤以授一切米盐琐屑，悉以委之，而自为豪举，结客好施，性雅好图书彝鼎，不惜重直以购，得则陈列左右，把玩摩挲；门无俗宾，长者履交肥，谈宴移晷；虽家稍中落，而公顾恬愉自快，意豁如也。”❶

醉于藏书的两代园主也有制版印书的活动。嘉靖年间，徐氏翻刻宋咸淳廖莹中世彩堂刻本刊印《昌黎先生集》，世称善本，以其校印精良而备受读书人青睐。其版心题“东雅堂”，卷末牌记仿“世彩廖氏刻梓家塾”作“东雅徐氏刻梓家塾”。《四库全书总目》注：“徐氏刊此本不着其由来，殆深鄙莹中为人，故削其名氏并开版年月。”❷《天禄琳琅书目后编》称徐氏韩文为“书林甲观”。因书刊行于嘉靖年间，其时徐封正壮年而徐仲简尚未成年，因此，主持刊印《昌黎先生集》的东雅堂主人正是徐封。

依徐封和徐仲简的行状来看，这两代主人均不屑于家业经营，又仕途不达。徐封尚有经营才能，“修其业而息之，家益以裕”，而徐仲简却只是依靠着徐氏家族的社会根基，消耗着祖辈积攒的丰厚家产。徐封壮年时尚锦衣玉食，有余力大治园亭，有能力刻印书籍，有时间雅集享乐，至其晚年，由徐仲简持家时，徐氏已家业败落，入不敷出，无力维护和享用园林。墨川公晚年，园亭荒芜，闲人滥入，几经易主。这种困境直到徐景文万历丙戌（万历十四年，即1586年）考取进士后，才逐渐缓和。园被徐景文收回，但直到丙申年（万历二十四年，即1596年）才逐步被修缮，并得“紫芝园”之名。此后三十余年，是紫芝园相对平稳的时期，直到“兄弟构大讼，遂不能有，尽售与项煜”❸。这里的“兄弟”是《识小录》作者徐树丕同辈，当指徐景文之子。

❶（明）范允临．输寥馆集·诰封奉直大夫尚宝司少卿芝石公行状．[M]//四库禁毁丛刊·集部-101册（卷五）．北京：北京出版社，1997：319.

❷ 钦定四库全书总目（集部，别集类）[M]//景印文渊阁四库全书-4册．台北：台湾商务印书馆，1982.

❸（明）徐树丕．识小录·紫芝园[M]//丛书集成续编-89册．上海：上海书店，1994：1041-1043.

# 第五节 紫芝园图景

## 一、紫芝园的位置、入口和面积

紫芝园，位于苏州阊门外上津桥附近，徐氏宅之南。明代徐封宅“在上津桥，负阳而面阴”[4]——宅在上塘河南岸。上津桥，在阊门西约900米处跨越上塘河，大约在今留园东南300米处。上津桥南对今枫桥路南折段（民国时称“石排巷”），暂未能考证紫芝园在巷东侧，还是西侧。（图4-1、图4-2）

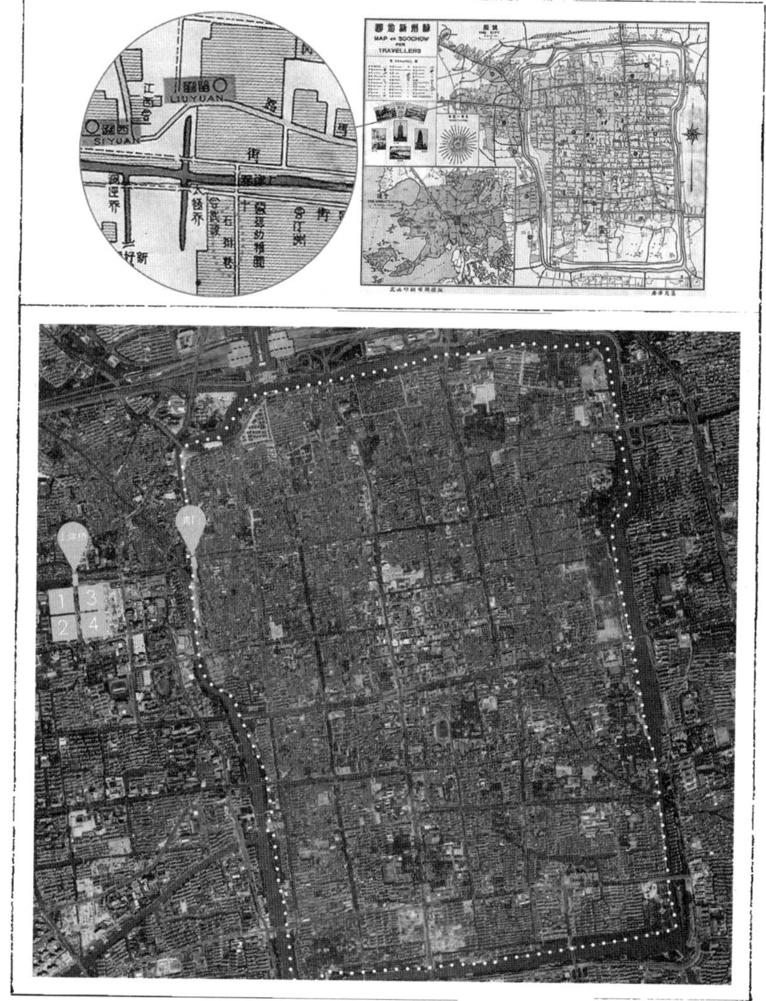


1
—
2

◈图4-1 民国苏州新地图示上津桥和石排巷

◈图4-2 徐景文宅和紫芝园的定位（1、3为徐景文宅可能的位置，2、4为相应的紫芝园的位置）

[4]（明）徐树丕．识小录·紫芝园［M］//丛书集成续编-89册．上海：上海书店，1994：1041-1043.

徐宅“右为长廊数百步以达于园”[1]，宅面北，则廊在宅东，园的入口大致在宅东南部。结合后面对院内路径、布局的描述，也可以基本确定园的入口在园的东北部。清代长度单位“步”约合今1.6米，“数百步”则通常在500米以上。500米的长廊，提示宅院有比较大的体量。通常，宅院或园林面积5公顷（约明代五十亩）以上，才可与500米的廊相匹配——更何况，这里的500米长廊偏踞于宅东，就可能对应更大的宅院规模。虽然并未找到徐景文家宅面积的相关资料，但以徐封、徐仲简两代商贾子弟，及徐景文太仆少卿（正四品）的社会地位，虽富有，却不太可能拥有如此大规模的家宅。因此，这里的“长廊数百步”可能有所夸张。

《输寥馆集》写墨川公宅园“地方十许亩”[2]，而《识小录》中记载更粗略——“园凡若干亩”[3]。明一亩约合614平方米，十许亩约在一公顷上下。若与同时期的东园作比较，紫芝园的面积约为东园的一半。

## 二、紫芝园的山水布局

《识小录·紫芝园》对山、水、建筑比例及数量进行统计：“园凡若干亩，居室三之，池二之，山与林木磴道五之；峰三十六，亭四，洞三，津梁楼观台榭岛屿不可计。”[4]前一句，描述园林的规模和建筑、山、水大致比例，居室占十分之三，池占十分之二，山林占十分之五；后面一句，对石峰、洞、亭、桥、楼等的数量进行描述。

《识小录·紫芝园》中王穉登对园林的布局有一段描述：“（玄览阁）登兹四望，一园之胜悉在眉捷，无复隐形；大都紫芝桥之内宫室栋宇为政，政在靓深，桥之外峰峦洞壑亭榭池台为政，政在秀野；此则经营位置之大概也。”[5]曲池的北支和紫芝桥将园分作南、北两部分。紫芝桥北为宫室栋宇、深幽院落；紫芝桥南为峰峦、洞壑、池沼、堂榭。

《识小录·紫芝园》描述紫芝桥为“……修梁，曰‘紫芝’，梁成而朱草生”[6]。修，长也。紫芝，即木芝、紫灵芝，多孔菌科，可入药，古代瑞草的一种，生长于潮湿木质上。朱草，又称朱英，紫草科，牛舌草属，古代瑞草的一种，这里通指瑞草。推测紫芝桥是一座细长的木桥。

《诰封奉直大夫尚宝司少卿芝石公行状》记徐墨川园：“聚巧石为山，奇峰峙立，列嶂如屏，环以曲池，涟漪清泚；池阴有堂，颜曰东雅，公所宴息处也；地方十许亩，而楼横堂列，廊庑回缭，栏楯周接，木映花承，无不妍稳。”这段文字描述了南区的景观布局：以叠石假山为核心，曲池环绕；东雅堂隔池北望群峰，在建园之初即为主人社交和娱乐的中心；众多楼堂亭榭以廊庑相联系。

[1] （明）徐树丕．识小录·紫芝园［M］//丛书集成续编-89册．上海：上海书店，1994：1041-1043.

[2] （明）范允临．输寥馆集·诰封奉直大夫尚宝司少卿芝石公行状［M］//四库禁毁丛刊·集部-101册（卷五）．北京：北京出版社，1997：319.

[3] 钦定四库全书总目（集部，别集类）［M］//景印文渊阁四库全书-4册．台北：台湾商务印书馆，1982.

[4] 同[1].

[5] 同[1].

[6] 同[1].

## 三、紫芝园的“北区”

王稺登记“北区”的布局：“（宅院）右为长廊数百步以达于园；园南向，前临大池，跨以修梁，曰‘紫芝’……循梁而入，有门翼然，堂曰‘永祯’……堂东西各有门，其中门曰‘揽秀’……堂西有楼曰‘五云’，凭阑矫首北望三台……再入为友恭堂……而后深房曲室，接栋连楣，沉沉莫可窥矣。”❶

宅院面北，其东侧有长长的游廊通达园林。长廊可能开始于宅院东侧的一跨侧院，也有可能连接着下塘街上的独立入口——以便客人能不通过宅院而自相对独立的通道进入园林。长廊可能终止于楼堂所在的院落边界，也有可能围绕或联系几栋楼、堂，形成廊院。长廊延伸约“数百步”才入园，虽然似有夸张，但可以推测宅院规模较大，廊蜿蜒而行。内宅则可能有某进院落直接通达园林。“再入为友恭堂……而后深房曲室，接栋连楣，沉沉莫可窥矣。”这段描述似显露，友恭堂北即为内宅。自内宅穿过友恭堂或可直接进入园林。

“北园”以南为正向。紫芝桥北对永祯堂。永祯堂坐北朝南，面临大池，有中门、东门和西门——向三四个方向开门的厅堂建筑，通常至少面阔五间，纵深三间。永祯堂西侧有五云楼。五云楼的朝向并不明确，可能与永祯堂并列而面朝南侧大池，也可能在永祯堂西厢而面朝东。在五云楼上可以“凭阑矫首北望”，则或者其结构主立面为南北向，或者楼面东且四面有阑板（楼阁建筑常在二层设有平坐勾阑）。“再入为友恭堂”——因为“再入”的相对起点未说明，所以友恭堂的定位存在歧义，可能在永祯堂之北，也可能在五云楼之北。这三座建筑较有可能的布局为：友恭堂在永祯堂北，五云楼坐西面东，三者围合成院落空间。这进院落的入口很可能在其东侧或东北侧，五云楼可能还与院落入口形成对景。这个入口，便是自内宅东侧长廊进入园林的入口——它或许是粉墙上的一个月门，或许是廊间的一座半亭。这进院落则可以作为进入山池区域前的过渡空间。

在明清私家园林中，堂是比较重要的建筑，通常深广三至五开间。堂和楼常面阔大于进深，楼有时也采用正方形或正多边形的平面。堂常用歇山顶，楼则可见歇山顶、十字歇山顶、悬山顶、硬山顶等多种形式。五云楼，如四向开窗或设平坐勾阑，则最可能采用歇山顶。

## 四、紫芝园的“南区”

从紫芝桥南行，将进入园林的山池景区。

墨川时已形成了园的山池格局：“聚巧石为山，奇峰屹立，列嶂如屏，环以曲池，涟漪清泚。”“南区”的山林占据园之十分之五，环以曲池，即所谓“池山”，攒峰聚岫，模飞禽走兽动势，拟深山大泽气象。计成《园冶》云：“池上理山，园中第一胜也；若大若小，更有妙境；就水点其步石，从巅架以飞

❶（明）徐树丕．识小录·紫芝园［M］．丛书集成续编89册．上海：上海书店，1994：1041-1043.

梁，洞穴潜藏，穿岩径水，峰峦飘渺，漏月招云；莫言世上无仙，斯住世之瀛壶也。”[1]墨川园叠石颇得计成之法：“仙掌峰”“巨灵奇迹纵非蜀道移来，亦仿佛汉宫承露金铜仙人五指排空耳”；“窥壑峰”壁立如屏，下窥石穴；出“瞻辰亭”，“渡石，一峰秀出”；“联珠洞”“峰石皆锦川，双洞若环……石如天成，流丹染黛，欲上人衣”；“标霞峰”高耸，群石“或如潜虬，或如跃兕，或狮而蹲，或虎而卧，飞者、伏者、走者、跃者、怒而奔林渴而饮涧者，灵怪毕集，莫可名状，每当朝霏夕晖，烟横树暝，池光澄澄，冰轮浸魄，若深山大泽，含气出云，又如仙家楼阁，雾闼云窗，与琪花瑶草相暎带，非复人间世矣”[2]

假山多石洞，其法大致应为计成所描述之“起脚如造屋……合凑收顶，加条石替之，斯千古不朽也”[3]。童寯的《江南园林志》论述此种石洞收顶方法“至明末乃为准绳”[4]。“联珠洞”顶上有平坦的“骋望台”，盖以此法。

依王穉登园记描述，园中叠山所选石材可能有黄石、湖石和锦川石。然而，太湖石“自古至今，采之已久，今尚鲜矣”[5]。按童寯所云：“真太湖石既难罗致，又不易辨识，故有制以赝鼎，谓之种石，从中取利者，人称石农；长物志：石在水中者为贵，岁久为波涛冲击，皆成空石，面面玲珑；在山上者名旱石，枯而不润，赝作弹窝，若历年岁久，斧痕已尽，亦为雅观；吴中所尚假山，皆用此石；素园石谱：平江太湖人工，取大材，或高一二丈者，先雕置急水中舂撞之，或以烟熏，或染之色。”[6]墨川公造园，石材不需远取，可就近取用（苏州产）黄石、（宜兴产）锦川石和（太湖产）人工湖石。

假山土石结合，古木奇峰森列，峰峦与琪花瑶草相映衬。后世叠山大家张南垣、李笠翁都颇尚以土代石或土石结合之法。

“南区”布局，主要依据《识小录·紫芝园》所收录的王穉登为紫芝园所写园记，同时参照范允临撰《诰封奉直大夫尚宝司少卿芝石公行状》对墨川公亭园的描述。

紫芝桥南正对“五老峰”（或称“仙掌峰”），望文生义，应为并立的一排石峰，障景之用。

绕“五老峰”向南行，“左轩右楼……轩在东，楼在南也”[7]——是以游人视角进行方位描述，路径东侧为“迎旭轩”，西南侧为“延熏楼”。因后文所描述的山与峰主要在西部，因此，绕行“五老峰”的路径在石峰东侧为佳，也符合先见东侧轩，后见西侧楼的行文顺序。

“稍西折而南”是从西侧绕过“延熏楼”继续南行，再经“入林门”，渡石梁“浮虹”，到达“东雅堂”。可推知，“东雅堂”在曲水之南。“东雅堂”是紫芝园最重要且体量最大的建筑，结构粗壮坚固，栋宇宏

[1] （明）计成．园冶注释［M］．陈植注．北京：中国建筑工业出版社，1998：121.

[2] （明）徐树丕．识小录·紫芝园［M］．丛书集成续编-89册．上海：上海书店，1994：1041-1043.

[3] （明）计成．园冶注释［M］．陈植注．北京：中国建筑工业出版社，1998：218.

[4] 童寯．江南园林志［M］．北京：中国建筑工业出版社，2014：39.

[5] （明）计成．园冶注释［M］．陈植注．北京：中国建筑工业出版社，1998：225.

[6] 童寯．江南园林志［M］．北京：中国建筑工业出版社，2014：41.

[7] 同[2]

伟，高爽干燥，榱题与斗栱如同雁齿草般整齐，如同鱼鳞般层叠，深广的檐庑下能容数百人——推其面积应在150平方米以上，可能是广五间深三间以上的抬梁式建筑；可能是歇山顶，四面庑。堂后有小山，山上有两棵古松，枝干虬曲。

"东雅堂"之西为"太乙斋"。行到此处，再"循池而右"（即由西转向北行），到达白雪楼，此处邻水处设栏杆，称"遣心槛"，"绿波鳞鳞，房廊倒影"❶。"池右折汇于东雅之前"❷——行走的路线也沿池水的北岸折向东，与东雅堂隔水相望，从这个位置开始登上屈曲的磴道。

首先看到临池的"浮岚亭"，被三峰环列；向北登山，遇"窥瓂峰"，向东继续登山，可达"瞻辰亭"，由"亭北向"判断亭在磴道之南，或道由东向西穿亭而过；经过一石梁，后遇一石峰，由此下行至广池边，有钓台，其上覆盖着天目松宽大的树冠。

向西，过石门，"曲径临流，飞岩夹道"，曲径在山谷中穿行，有溪流伴行其侧；转向南进入"联珠洞"，"峰石皆锦川，双洞若环……清旷道明，可罗胡床十数，石如天成，流丹染黛，欲上人衣"❸；其上方为山的最高处"骋望台"，在此可眺望西侧的远山与东侧的苏州城，也可环视周围的高峰与群石，向东望东雅堂。

由面东而"右过石门"（"排云门"），即由东转向南。沿曲折的石径下山，跨过小石梁就接近碧绿的池沼，峰峦环绕，岛屿五六。石径的尽头是"隔尘亭"。"隔尘亭"是竹林的入口，"留客楼"和"浮白轩"在丛篁之中。

由竹林向北，过"北穿径"，入"浮波洞"，洞内有幽涧与细流。出洞上山，东侧有"清响亭"和石峰三座。由亭向西，是深幽的竹林，林中有石梁与琴台。竹林西缘便是园尽处，那里有高峻的"玄览阁"，登阁可鸟瞰全园。

《诰封奉直大夫尚宝司少卿芝石公行状》描述墨川公亭园"而楼横堂列，廊庑回缭，栏楯周接"——应是建筑密度较大，并以廊庑相联系。在王穉登撰写的园记中，重点记述主要的建筑和景观，只在写白雪楼、遣遣心槛时，提到"房廊倒影"。曲廊在园林建筑群中常居于次要的地位，但实际上对园林的空间格局、路径组织和整体面貌都有重要影响。从同时期私家园林的惯用手法和功能需求方面考虑，推测东雅堂、太乙斋和白雪楼可能是以曲廊相联系的。

## 五、紫芝园复原图

笔者基于《诰封奉直大夫尚宝司少卿芝石公行状》《太学生墨川徐翁暨配缪孺人传》和《识小录·紫芝园》中关于园林的描述，从紫芝园的整体结构入手，梳理园景各部分之间的关系。

在探究整体布局和具体建筑及园景的相对位置时，主要依照《识小录·紫芝园》中王穉登所撰园记。描述行进路径与转折方向的词句被给予特别的关注。这些文字被梳理为《紫芝园文字文献联系图》，并作为绘制《紫芝园平面示意图》，进而推演《紫芝园图》的基础。（见章后插页）

❶（明）徐树丕．识小录·紫芝园［M］//丛书集成续编-89册．上海：上海书店，1994：1041-1043.

❷ 同❶.

❸ 同❶.

图4-3　紫芝园　骋望四野　严东《当代中国画实力派画家作品集——严东》

# 第五章 吴郡甫里梅花墅

## 第一节　梅花十树　春水一池

明朝万历年间，在吴郡与长洲交界处的甫里镇（今苏州市吴中区角直），曾有一处江左名士趋之若鹜的名园——梅花墅。梅花墅是明代戏曲家、藏书家兼刻书家许自昌的宅后花园，占地近百亩。"峰密岩岫，攒立水中"[1]；"林木荇藻，竟川含绿"[2]；曲廊秀阁，藏书满楼；高朋唱和，笙歌入夜。董其昌曾写道："过甫里，不入许玄祐园林，犹入辋川不见王、裴也。"[3]

园主人许自昌，出身富有的商人兼地主家庭，博览群书，喜好藏书刻书，广交文人雅士，笃信佛教。梅花墅便是他藏书、刻书、聚友、社交和寄托信仰的地方。梅花墅也因此留下了大量同时代文人的笔墨印记，比如陈继儒[4]的《许秘书园记》《秋日过访玄祐题梅花墅》诗，钟惺[5]的《梅花墅记》《题梅花墅》诗，林云凤[6]的《梅花墅诸咏》，钱允治[7]的《梅花墅歌赠许玄祐》《三宿梅花墅（天启辛酉冬日）》，祁承爜[8]的《书许中秘梅花墅记后》等。晚辈文人也有亲历梅花墅而题诗者，如陈子龙[9]的《题玄翁老伯梅花墅》、徐汧[10]的《题玄翁老伯梅花墅》等。亦有友人、名士为甫里许氏家族撰写行状、墓志铭，比如陈继儒的

❶（明）陈继儒．许秘书园记，晚香堂集（明崇祯刻本）[M]//四库毁禁书丛刊．集部-66册．北京：北京出版社，1997.

❷（明）钟惺．梅花墅记，隐秀轩集（明天启二年沈春泽刻本）[M]//四库毁禁书丛刊．集部-48册．北京：北京出版社，1997.

❸（明）董其昌．中书舍人许玄祐墓志铭，容台集（崇祯三年董庭刻本）[M]//四库毁禁书丛刊．集部-32册．北京：北京出版社，1997.

❹（明）陈继儒（1558～1639），字仲醇，号眉公、麋公，明代文学家、书画家；隐居小昆山，后居东佘山，杜门著述，精通诗文书画，学识广博，喜爱戏曲、小说；倡导文人画，持"南北宗论"，有《梅花册》《云山卷》等传世，著有《陈眉公全集》《小窗幽记》《吴葛将军墓碑》《妮古录》等。所藏碑石、法帖、古画、印章甚丰。

❺（明）钟惺（1574～1625），字伯敬，号退谷，明代文学家；湖广竟陵人，曾任工部主事、福建提学佥事，后辞官归乡，研读史书；他与同里谭元春共选《唐诗归》和《古诗归》。

❻（明）林云凤，字若抚，长洲人，明末清初诗人。

❼（明）钱允治（1541～1624），明代文学家、画家、藏书家。

❽ 祁承爜（1563～1628），字尔光，号夷度，又称旷翁、密士老人，山阴（今绍兴）人，明末藏书家，在绍兴梅里建有旷园，内有藏书的"澹生堂"。著有《澹生堂集》《两浙著作考》等43种，辑《国朝征信丛录》，编《澹生堂明人集部目录》等。其著作在清初视为禁书，流传至今仅《澹生堂藏书约》和《澹生堂明人集部目录》。其子祁彪佳（1602～1645），抗清将领，清兵攻占杭州后绝粒自沉殉国；他也是藏书家、戏曲家，所著传奇皆佚，唯戏曲批评著作《远山堂曲品剧品》存世。

❾ 陈子龙（1608～1647），明末官员、诗人、词人、散文家、骈文家、编辑。初名介，后改名子龙；初字人中，后改字卧子，又字懋中；晚号大樽、海士、轶符、於陵孟公等。崇祯十年进士，擢兵科给事中；明亡，继而任南明弘光朝廷兵科给事中；清兵陷南京，联合太湖民众武装组织开展抗清活动，事败被捕，永历元年（1647年）投水殉国。陈子龙的诗歌成就较高，为云间诗派首席，婉约词名家，骈文也有佳作。他辑成《皇明经世文编》，内容包括政治、军事、赋役、财经、农田、水利、学校文化、典章制度等等，倡导"经世致用"之学，整理了徐光启的农学巨著《农政全书》。

❿ 徐汧（1597～1645），字九一，号勿斋，长洲人，明末官员，画家徐枋之父。南都、苏杭失陷后，誓不事清不剃发，以死明志。

《明故四川龙安府照磨怡泉许公墓志铭》，董其昌[1]的《怡泉许公元配沈孺人墓志铭》《中书舍人许玄祐墓志铭》等。黄裳[2]曾在文中提到《梅花墅图》，不知是否传世，笔者未能得见。

## 第二节 梅花墅主人许自昌

许自昌（1578～1623），字玄祐，又作元祐、源祐、玄度，号霖寰、去缘居士，自称樗道人，别署梅花主人，明朝万历六年生，天启三年卒，是明末著名的藏书家、刻书家、文学家和戏曲家。

甫里许氏是高阳许氏[3]的一个分支。卢绪《许文正公苏郡甫里重修祠堂记》记："吴中之有许氏,原出中州，先由南渡护跸,后由红巾避乱,其居吴郡长洲之甫里者,族最著。"[4]董其昌《中书舍人许玄祐墓志铭》记："宋淳熙中，有自江右尉吴江者,十余传而迁甫里,又四传为郡幕；怡泉公，以孝友好谊闻于乡邦，即公父也，公配沈孺人，举子不禄，卜簉得陆太君，实生玄祐。"[5]许自昌的父亲许朝相（1529～1610），字国用，号怡泉。著名藏书家黄裳对许朝相有一段评述："祖辈'以积箸起家'，后来曾一度中落，到了自昌的父亲朝相'用计然策，家渐振'，终于成为吴中巨富；'吴役最巨者，增郡城，修郡学，豪有力者皆逊谢不敢当，……公锐身骄剧，役竣而损势不贷，公无几微见颜色'……'握算不假筹籍，能腹贮之，即日月韬昧无爽'……"[6]许自昌曾祖许钱,以积著起家,子许经。许经之子许朝相是一位精明、富有，且慷慨有善心的乡贤，多有贡献于乡里。从董其昌《怡泉许公元配沈孺人墓志铭》中知，许朝相长子许自学早亡，许自昌是其侧室陆孺人之子。"朝相加意培养自昌，希望能改换门楣，说'是当亢我宗，乃延大儒课督之'，鼓励他和名人来往，'公倚屏幕间听其议论……私心且喜且语曰：儿不意倾天下士如此。'"[7]在父亲的精心培养下，"玄祐少有奇表，广上而丰

[1] 董其昌（1555～1636），字玄宰，号思白、香光居士，松江人，明代书画家，提倡"南北宗"论，为"华亭画派"杰出代表；存世作品有《岩居图》《明董其昌秋兴八景图册》《昼锦堂图》《白居易琵琶行》《草书诗册》《烟江叠嶂图跋》等。

[2] 黄裳（1919～2012），原名容鼎昌，当代作家、藏书家，秘藏《明故四川龙安府照磨怡泉许公墓志铭》（陈继儒撰）、《行状》（长洲钱允治撰）、《先考怡泉府君行略》（许自昌撰）、《许公元配沈孺人墓志铭》（董其昌撰，赵宧光篆盖）、《行状》（陈继儒撰）、《先母沈太孺人行略》（许自昌撰）、《甫里许氏家乘》（长洲甫里许之先人华甫手辑，兄许王伊季酌甫同较，侄孙许时乘龙友氏增订）等相关古籍，并著《梅花墅》文以记录书籍收藏经过和阅读体会。

[3] 高阳许氏，是十六国许据的第五世孙高阳太守许茂之族所在，今河北高阳县东即为其故地。

[4]（清）陈维中．吴郡甫里志［M］//中国地方志集成．乡镇志专辑5-卷五．南京：江苏古籍出版社，1992.

[5]（明）董其昌．中书舍人许玄祐墓志铭，容台集（崇祯三年董庭刻本）［M］//四库禁毁书丛刊·集部-32册．北京：北京出版社，1997.

[6] 黄裳．梅花墅，小楼春雨［M］．苏州：古吴轩出版社，1999.

[7] 同[6].

下，少读书，即好渔猎传记，两汉四唐之业，筑仓而藏之，饮食其中，不屑屑为经生言；既游南雍，登览江山，志意抒发；四方名士皆折辈行与交……而以吾二人忧，遂谒选得文华殿中书……玄祐居邑邑，顾不自得，亟请假归侍郡幕公……”[1]董其昌在墓志铭中记录了许自昌的仕途经历：少年英才，广交名士，却屡上公车无果，最终由父亲捐资得文华殿中书一职（故后称“许中翰”），却终无法适应仕途生活而辞官回乡。

此后，许自昌开始了自己精彩的人生。他不仅将父亲的产业经营得有声有色，更辟梅花墅于宅后，将藏书、刻书、戏剧几件事做得风生水起，成为一代名士。黄裳曾引用陈继儒为许自昌所撰《行状》中的一段：“玄祐好闲适，治梅花墅于宅址之南；广池曲廊，亭台阁道，石十之一，花竹十之三，水十之七，弦索歌舞称之；而又撰乐府新声，度曲以奉上客；客过甫里不访玄祐不名游，游而不与玄祐唱和不名子墨卿；玄祐亦以榻不下、辖不投，不十日平原饮不名主人；主人能具主礼而不登骚坛，则主客皆伧父，不名天下士。”[2]这段文字讲述了梅花墅的概况和影响力，使主人在园中宴饮赋诗的日常社交活动跃然纸上。

癸亥年（1623年），其母陆氏卒。许自昌因“昕夕侍陆太君起居，称药量水”[3]，劳累过度，加以极度悲伤，不久就去世了。

许自昌一生著述颇多，有诗集《咏情草》《百花杂咏》《卧云稿》《霏玉轩草》《秋水亭诗草》《樗斋诗草》《唾余草》《秋水亭集》及《樗斋诗抄》等；传奇七种，其中《水浒记》《桔浦记》和《灵犀佩》尚存；另有《樗斋漫录》《捧腹编》《草书要领》等著述；校刻《分类补注李太白诗》《集千家注杜工部诗集》《唐甫里先生集》《唐皮日休文薮》《太平广记》五百卷、目录十卷。雷梦水《古书经眼录》说：“《太平广记》明许自昌刊大字本，较小字本伪缺尚少，可称佳本。”

陈维中的《吴郡甫里志》记载的许自昌之子，依次为元溥、元恭、元任、元方、元毅和元超六位。[4]长子元溥，字孟宏，承父收藏书籍之好，立高阳社，选辑《古文佚》。次子元恭继承了父亲的刻书事业。长子元溥不善经营田产，难以维持家业，梅花墅在元溥一代便很快衰败了。但许氏作为甫里旺族，其后代仍然保持着广泛的社交面，乐善好施的家风，对藏书、刻书的执着，以及对音乐戏曲的爱好。

[1]（明）董其昌．中书舍人许玄祐墓志铭，容台集（崇祯三年董庭刻本）[M]//四库禁毁书丛刊·集部-32册．北京：北京出版社，1997.

[2] 黄裳．梅花墅，小楼春雨[M]．苏州：古吴轩出版社，1999.

[3] 同[1].

[4]（清）陈维中．吴郡甫里志[M]//中国地方志集成·乡镇志专辑5-卷五．南京：江苏古籍出版社，1992.

## 第三节 梅花墅的变迁

陈眉公《许秘书园记》载："适吾友秘书许玄祐所居，为唐人陆龟蒙角里；其地多农舍渔村，而饶于水，水又最胜；太公尝选地百亩，菟裘其前[1]，而后则樊潴水种鱼；玄祐请甃石围之；太公笑曰，土狭则水宽，相去几何；久之，手植柳皆婀娜纵横，竹箭秀擢，茭芽蒲戟，与清霜白露相采采，大有秋思。"[2]许朝相在角直镇置地百亩，北建宅院，南围鱼塘，竹柳扎堤，便是梅花墅的雏形了。

在董其昌撰《中书舍人许玄祐墓志铭》中记载，梅花墅正式开始斥资兴建，是在许自昌辞官回乡之后。其父许朝相在万历三十七年（1609年）去世，此后三年丁忧。钟惺游梅花墅在万历己未年（1619年），而陈继儒游梅花墅的时间较钟惺更早。因此推断，许自昌巨资兴建梅花墅的时间在1613～1618年间。此后的几年时间是梅花墅最兴盛的时期。常有朋友前来拜访，可攀登眺望美景，可荡舟湖心，亦可留宿园中；或是文人雅士慕名而来，主人则盛情款待。留下的诸多梅花墅诗，其中一部分被收录在陈维中《吴郡甫里志》里。得闲堂常高朋满座，"歌舞递进，觞咏间作，酒香墨彩淋漓跌宕，红绡于锦瑟之傍；鼓五槌，鸡三号；主不听客出；客亦不忍拂袖归也"[3]；家乐和传奇剧目也在这里排练和上演。

蒋铉梅花墅诗题中有"癸亥上元前四日，许中翰张灯梅花墅，岩阿竹树、庭榭廊庑，悬坠皆满；檄两部奏剧，尽宴夜游，极声伎灯火之盛……"[4]，梅花墅在癸亥年（1623年）将至时还是一派热闹兴盛的景象。而癸亥年，母陆氏卒，许自昌随后便因过度悲伤和劳累于同年病卒。许自昌之死，在董其昌所撰的《中书舍人许玄祐墓志铭》和李流芳所撰的《许母陆孺人行状》中都有所记载。

长子许元溥，字孟宏，号鸿公，酷爱藏书，自号千卷生，卢紘撰其墓志铭称"每于残缺废简中留意搜阅，是以往往得奇书，蓄储既富，多世人所未见也"。元溥不善经营，加之明末兵乱频繁，许氏家业二十年间便衰败了。黄裳在《梅花墅》文中引卢紘语："甲申值鼎革，乙酉南中尚未竣，师旅旁午，所居迁徙不常，赀悉耗散，妇若子茕茕失所依。先生惟挚图书数筐，随所至无少离。……从此家业益落；或劝曰：'梅花墅去而复还，已见君志；今若再售，尚可支朝夕，何乃坐而食贫耶？'先生曰：'吾先人一生心力悉注于此，何忍弃之。'爰仿虎丘短簿例，施园为寺，肖先人象祀之，延有行僧为主持，铃铎声彻四外，以最

[1] 菟裘其前，指太公许朝相在其购置的百亩良田北部建造宅院。菟裘，指代士大夫告老退隐的处所。《吴郡甫里志》记载："许中翰自昌宅在均在太平桥南堍之东，朝北""许乡贡元溥宅在东美、太平二桥之中，朝北"，此两处住宅都建于梅花墅之北，面向河道和道路。

[2]（明）陈继儒．许秘书园记，晚香堂集（明崇祯刻本）[M]//四库毁禁书丛刊·集部-66册．北京：北京出版社，1997.

[3] 同[2].

[4]（清）陈维中．吴郡甫里志[M]//中国地方志集成·乡镇志专辑5-卷五．南京：江苏古籍出版社，1992.

胜闻。今甫里之海藏庵，即梅花墅旧址也。”[1]可见，在甲申年（1644年）之前，许元溥已经因经济所迫出售过梅花墅，而后又将其购回；不忍舍弃，但又终难维持，施墅为海藏庵。沈定钧[2]的《甫里掌故谈》中记：“梅花墅……至清初，一部归汪氏所有，而一部则改为海藏禅院”；“汪缙名大绅，本居枫桥，与其弟季晋，自得梅花别墅，慕甫里先生之风，耕读其中，因改别墅为二耕堂”，“汪缙为之记，其旁为海藏庵”。从以上记载可知，在清初，元溥将梅花墅的十分之七舍为海藏庵（康熙戊辰年，即1688年曾毁后重建），十分之三卖给汪氏兄弟而改为“二耕堂”。民国时期的《吴县志》中的记载于此相符：“……后归汪氏，有二耕草堂，汪缙为之记，其旁为海藏庵。”[3]

陈维中《吴郡甫里志》卷五中记载：“海藏庵，又名月宰……国朝初长君元溥暨李君元方，割家园十分之七为庵，延高僧具德香雪愿云继起白谷生若辈住持；康熙戊辰（1688年）元旦，大殿毁，四月间，生若重建，规模复整。”[4]尤侗的《海藏庵碑记》写道：“追孟宏孝廉舍宅为寺，犹短薄之虎邱别墅也……康熙己未年（1679年）乃请拈花佛日和尚，大启宗门，倡举莲社，仿佛东林之风；戊辰年（1688年）元旦，不戒于火，正殿燔焉；师一手拮据，塈茨而丹雘之，大雄巍然，十笏秩然，旁及僧寮，香积、仓房、浴室之类焕然一新，是佛公之再有造于斯庵也。”[5]这两篇都记录了舍园为庵的事件和康熙戊辰年（1688年）海藏庵的失火和重建。可见此时海藏庵的建筑布局，已经有异于梅花墅时。

尤侗又记述了海藏庵在康熙壬午年（1702年）时的概况：“里人重请亦可大师总持常住；盖亲受佛公衣钵而润饰之，庵之中兴日可俟已；庵虽偏僻，其在甫里隐若丛林；自堂徂基方员数百丈，有田一顷，蔬圃间之，复辟放生池，鯈鱼瀺灂，得濠濮间意；四围精舍数椽，如得闲堂、樗斋等，为先贤陈、董诸公燕游之地，题名在焉。”[6]从这段文字可知，在康熙壬午年（1702年）时，梅花墅之得闲堂尚在，而池塘已非原有，是“复辟放生池”，可见此时园中山池也已失原貌。这里提到的“樗斋”似同为独立建筑，而陈、钟两篇园记和《吴郡甫里志》“梅花墅”条目都未提及。而许自昌又著有《樗斋诗钞》和《樗斋漫录》，其中《樗斋漫录》是读书笔记和杂文。樗斋应是许自昌平日读书与写作之处，而且是方便取到藏书的地方，推测樗斋是藏书楼内或附近的一处书房，或者“樗斋”是藏书楼的别称。“樗”即臭椿树，是主人自嘲为无用之木。

彭方周《吴郡甫里志》卷十五记：“海藏禅院，即许中翰梅花墅也；本朝初年，许氏舍墅为庵，延僧具德开建禅院，原委备详尤展成碑记

[1] 黄裳．梅花墅，小楼春雨［M］．苏州：古吴轩出版社，1999.

[2] 沈定钧，字家珩，号琴生，江苏甪直人，民国学者、教育家，著有《甫里掌故谈》《吴中逸史经眼录》等。

[3] 李根源．吴县志［M］．苏州文新公司．民国二十二年．卷三十九-六．

[4]（清）陈维中．吴郡甫里志［M］//中国地方志集成·乡镇志专辑5-卷五．南京：江苏古籍出版社，1992.

[5]（清）彭方周．甫里志［M］//中国地方志集成·乡镇志专辑6-卷二十一［M］．南京：江苏古籍出版社，1992.

[6]（清）彭方周．甫里志［M］//中国地方志集成·乡镇志专辑6-卷二十一［M］．南京：江苏古籍出版社，1992.

内；乾隆戊午年（1738年）间，经久间圮，许竹素[1]延具德徒孙，心鉴主席，增建山门、韦驮殿、香花桥、禅堂、库寮、秀野堂、文昌殿，并创惜字文会，年七十二岁，授席法孙尊年主院。”[2]这段记载显示，乾隆年间海藏庵已经改为“海藏禅院”，并经历了一次较大规模的增建和修葺。

沈定钧《甫里掌故谈》中又有“海藏钟声”，写道“院中屋宇深邃，风景清幽，晨夕钟鸣，声闻十里，故列为八景之一；余于髫年时，曾随父兄往游，炎夏之时，海藏四周池沼中，芙蕖盛放，清香四溢，尤足令人流连，后渐失修，浸为瓦砾场。今则并此基地，亦售于里中赵氏矣。”这一记载则是关于清朝末年到民国时期的。清朝末年，海藏禅寺尚有古刹莲沼，而民国时期就已经颓败，售为民宅基地。

中华人民共和国成立后，海藏禅院旧址曾被用作仓库和厂房，其中部分建筑被拆除以建造职工宿舍。2012年时，旧址上仍有清代建的大殿；残留的园墙上可以看到嵌入墙体的叠石山壁遗迹；养生池的边界尚有痕迹；园南半被农田或荒地所覆盖。近年，有城市主干道跨园址西南角。沧海桑田，旧影无存。梅花墅旧址的一部分现被用作美术实习基地。

[1] 许廷荣（1675～1760），号竹素，康熙五十九年举人，官福建武平知县，精弓马，善诗文，有《竹素园集》。

[2]（清）彭方周．甫里志［M］//中国地方志集成·乡镇志专辑6-卷二十一［M］．南京：江苏古籍出版社，1992.

# 第四节 梅花墅相关文献及图考

## 一、梅花墅的地理位置

万历年间，梅花墅位于长洲与昆山交界处的甫里镇（今苏州吴中区角直镇）。彭方周《甫里八景诗序》记载："甫里，吴郡东南一巨镇也，距郭五十里，西隶元和，东隶昆山；稽之志载其隶昆者曰六直，今吴中人概呼之矣；又汉四皓有角里先生居洞庭西麓，村名角里；俗以六为角，则相沿之讹也。"[1]因此，在清朝康熙年间和乾隆年间的两种《吴郡甫里志》[2]卷首的图考中，都是以"六直"的名称标注甫里镇的。（图5-1、图5-2）

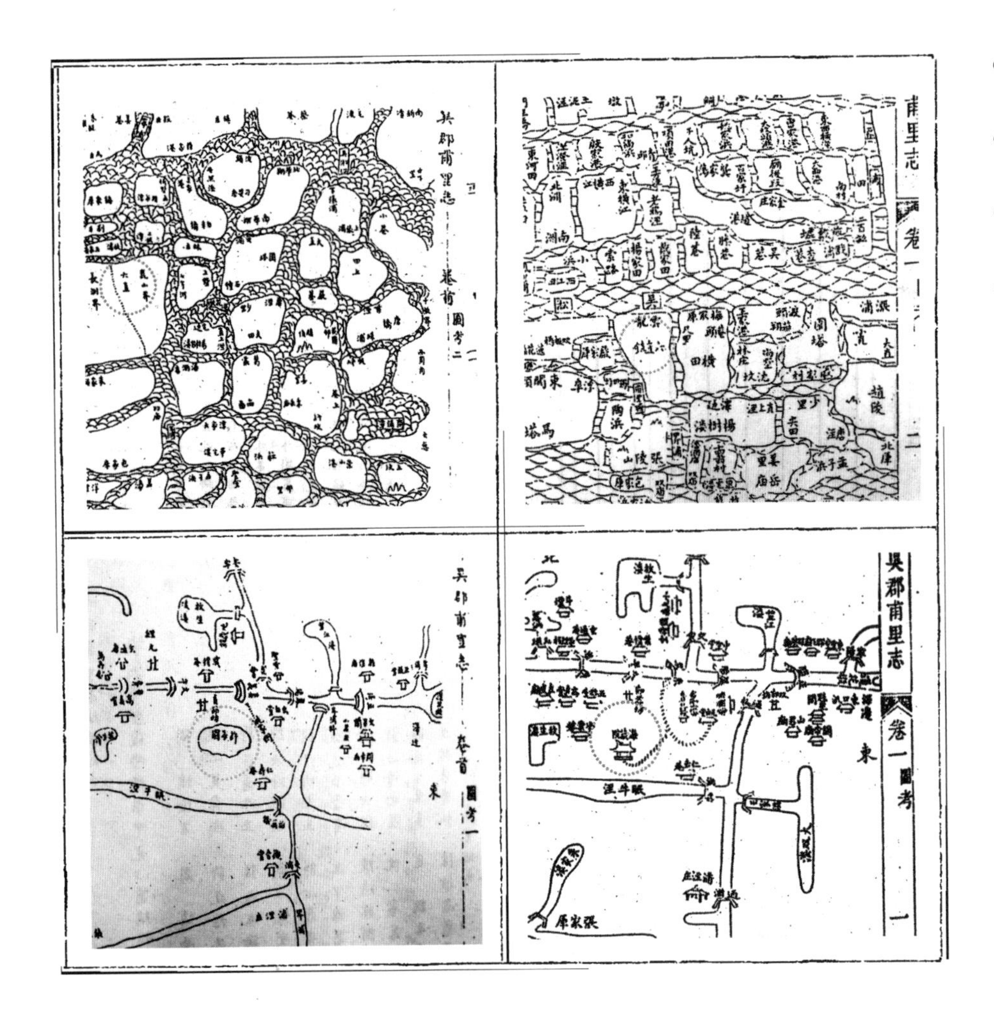

图5-1 陈维中《吴郡甫里志》吴郡图东半

图5-2 彭方周《吴郡甫里志》吴郡图西半

图5-3 陈维中《吴郡甫里志》六直镇图东半

图5-4 彭方周《吴郡甫里志》六直镇图东半

1 | 2
3 | 4

[1] （清）彭方周．吴郡甫里志［M］//中国地方志集成·乡镇志专辑6．南京：江苏古籍出版社，1992：184.

[2] 甫里志，今传四个清代版本：康熙年间陈维中撰《吴郡甫里志》12卷，乾隆年间彭方周修订本《甫里志》24卷，光绪年间许起、许玉瀛续修《甫里志稿》1卷，光绪年间抄本3册。

康熙年本陈维中《吴郡甫里志》的六直镇图（右半）中，在东美桥、太平桥以南，姚家街西，眠牛泾之北，一处近似椭圆的区域被特意圈出，标识为“许家园”。编纂此甫里志的时间距许元溥舍墅为庵的时间尚不久远，海藏庵为许氏家庵，且“许秘书园”之名尚有较大影响,因此图中标为“许家园”。而到了彭方周《吴郡甫里志》中，对应的位置就只有“海藏院”的标识了，此时已改为“海藏禅院”公寺，并且正门朝南开。（图5-3、图5-4）

近几年，角直加快了城市建设。从卫星图可以看到，2016年，梅花墅址上有荒地、废弃的房屋（包括清代遗留海藏寺大殿）、杂乱的民宅和南部开阔的农田、墅址以西的姚家路、东北方的东美桥和北方的太平桥，与清朝时的位置相比几无变化；墅址之南的眠牛泾与清朝时不同——眠牛泾西段向北移，流经原有一放生池北端。到2018年，梅花墅址西南角已经有城市主干道穿行而过，墅址东北区又有新屋建造。梅花墅旧址没有纳入现在的角直古镇旅游区内。（图5-5、图5-6）

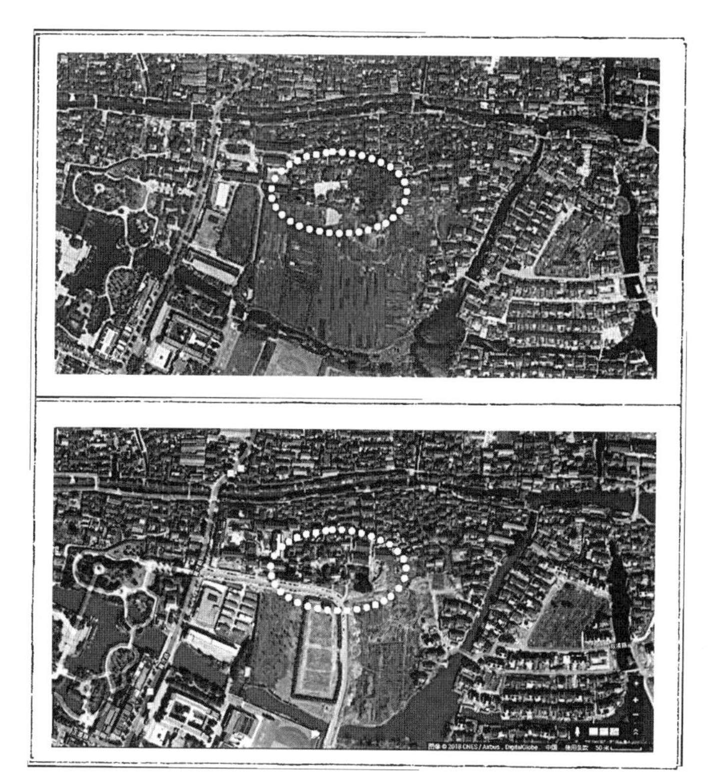

5
—
6

◈图5-5　角直镇东梅花墅遗址（来源：百度地图，2018-5）

◈图5-6　角直镇东梅花墅遗址（来源：Google地图，2018-10）

## 二、与梅花墅的布局、景观与变迁相关的文字文献

关于明万历年间梅花墅布局的文献资料，主要是陈继儒（眉公）的《许秘书园记》和钟惺（伯敬）《梅花墅记》两篇，分别收录在《晚香堂集》（明崇祯刻本）和《隐秀轩集》（明天启刻本）中。这两篇文章晚一些的版本被收录在清康熙年间陈维中的《吴郡甫里志》中。另有祁承㸁的《书许中秘梅花墅记后》，对越地与吴中的园林特点加以对比。梅墅诗咏有多种，包括林云凤的《梅花墅诸咏》、钱允治的《梅花墅歌赠许玄祐》、钱允治的《三宿梅花墅天启辛酉冬日》等，对梅花墅中的景致意境有所描写。黄裳在其《小楼春雨》文集“梅花墅”篇中提到，当时许自昌请人绘有《梅花墅图》。但此图样貌或下落未能查明。

梅花墅清代变迁和梅花墅主人家世生平的相关文献资料，可见于董其昌的《怡泉公元配沈孺人墓志铭》《中书舍人许玄祐墓志铭》（收于《容台集》），李流芳的《许母陆孺人行状》（收于《檀园集》）、《郡幕怡泉公暨沈孺人合葬墓表》（收于陈维中《吴郡甫里志》）、尤侗的《海藏庵碑记并铭》（收于彭方周《吴郡甫里志》），沈定钧的《甫里掌故谈》等。彭方周《吴郡甫里志》中还收有“海藏寺”条目和“海藏钟声”诗多首。

现将这些与梅花墅布局相关的文字文献资料集录于《附录四》。

## 第五节 许自昌及其后辈的园居生活

许自昌的父亲许朝相年轻时因家境中落而失去读书机会，因此将改换门楣跻身上层社会的希望寄托在许自昌身上，一心扶植他走上仕途，甚至在他四次科考失败后重金疏通关系，使许自昌拜中书舍人。但生活优渥的许自昌在官场悒悒不乐，不久就辞官回乡，继承并经营家业。陈继儒在许自昌的《行状》写道："玄祐好闲适，治梅花墅于宅址之南。"[1]许自昌在梅花墅中实现了闲适的生活，同时，这也是他放弃仕途后的另一种人生追求和自我释放。

### 一、宴饮、家乐与得闲堂

许自昌儒雅善交，广结天下士。常有文人、名士到梅花墅相携同游，比如万历己未年马起城留下《冬日同钟伯敬、庄平叔、林茂之、陆懋孚、陈梅隐、陆寿卿集许元祐梅花墅分韵》的诗作。黄裳曾列出为梅花墅书匾的人名："梅花墅（董玄宰书）……暎阁（林乐善书）……招爽亭（李长蘅书）……在涧亭（文震孟[2]八分书）、转翠亭（李流芳书）、流影廊（陈继儒书）、碧落亭（娄坚书）、维摩庵（钱允治八分书曰"三止庵"）、漾月梁（严澄书）、得闲堂（赵宧光篆书）……涤砚亭（文震孟书）……滴秋庵（王穉登书）诸景。"又有题诗者，"陈继儒、钱允治、钟惺、管珍、庄严、僧大止、蒋铉、朱之藩、薛寀、（以下皆自昌晚辈）侯峒曾、陈子龙、徐汧、张采、郑敷教、陆坦等"[3]。陈继儒、钟惺、祁承㸁都曾为梅花墅作园记。据黄燕芬的《许自昌的戏曲交游活动》，许自昌交往戏曲家王穉登、屠隆、张凤翼和戏曲评论家祁彪佳、陈继儒。其中，祁承㸁之子祁彪佳是许自昌晚辈，与他有书信往来。明末抄本《蒲阳尺牍》中收有两则《与许玄祐》。祁彪佳写道："佳制梅花墅传奇，宇内传颂已久。"说明梅花墅中上演的传奇在当时有一定的影响力。读许自昌的传奇作品后，祁彪佳又赞道："捧读佳作，如倾米家缸，宝色连斗；而毫端风雨，如蓬莱蜃楼，随云气合离，变幻之妙，莫可言。"[4]《蒲阳尺牍》还有《与许兄》，是祁彪佳在许自昌去世后写给许元溥的信，感叹与许自昌"为尘事所阻"，终未会面。

侯峒会诗曰："浮白奏来天上曲（先生有家乐，善度新声）。"[5]李流芳《许母陆孺人行状》记许自昌创作"歌曲、传奇，令小队习之"。许

[1] 黄裳．梅花墅，小楼春雨［M］．苏州：古吴轩出版社，1999.

[2] 文震孟（1574～1636），初名从鼎，字文起，号湘南，别号湛持（一作湛村），长洲（今江苏苏州）人，文徵明曾孙，藏书家，明代官员，崇祯初拜礼部左侍郎，兼东阁大学士。明万历年间，曾为"药圃"（今"艺圃"）主人。

[3] 同[1].

[4]（明）祁彪佳．蒲阳尺牍［M］．南京：南京图书馆藏明代钞本胶片．

[5]（明）陈继儒．许秘书园记，晚香堂集（明崇祯刻本）［M］//四库毁禁书丛刊・集部－66册．北京：北京出版社，1997.

自昌有家乐班，自写剧目和乐曲，并排练、表演。大约排练和表演的地方就常在得闲堂内，以及堂前面的宽阔石台上。甪直在长洲和昆山的交界处，而昆山正是昆曲的发源地。从地域看，许自昌的家乐班应是以昆腔演唱传奇剧目。"昆山腔"，或称"昆腔"，在许自昌所生活的万历年间正是蓬勃发展的时期，从苏州一地扩展到长江以南和钱塘江以北各地，形式也由单纯的清唱逐渐发展为昆曲，其唱白典雅、行腔婉转、舞姿优美、注重布景。

陈继儒撰《行状》记："……弦索歌舞称之；而又撰乐府新声，度曲以奉上客；客过甫里不访玄祐不名游，游而不与玄祐唱和不名子墨卿；玄祐亦以榻不下、辖不投，不十日平原饮不名主人；主人能具主礼而不登骚坛，则主客皆伧父，不名天下士。"[1]《许秘书园记》中写道："每有四方名胜客来集此堂，歌舞递进，觞咏间作，酒香墨彩淋漓跌宕，红绡于锦瑟之傍。鼓五槌，鸡三号；主不听客出，客亦不忍拂袖归也。"[2]许自昌为人慷慨好客，常邀友人墅中赏玩，又请名士为墅作记，为墅内诸景题字书匾。梅花墅成为吴中名园，钱允治将其与弇山、澹圃并称。文人墨客常有慕名来访者，献诗者众多，"以索得闲堂一醉锦瑟"（朱之蕃《梅花墅诸咏》）[3]。从这些文字中可以想象主人在得闲堂以诗文会友，以酒宴、传奇通宵达旦款待客人的情形。

## 二、园主的佛教信仰和儒家思想

许自昌因信仰佛教，在梅花墅初建时便有三处与佛教直接相关的建筑：维摩庵、滴秋庵和竟观居。维摩庵"雪一龛祀维摩居士"；滴秋庵未见详述；"竟观居前楹奉天竺古先生"。当家族的经济状况窘迫后，长子许元溥也把舍墅为庵作为首选。清代乾隆年间，海藏庵已由家庵发展为海藏禅院公寺。

许自昌《樗斋漫录》以笔记的形式，记录了许自昌对社会的看法和对人生的思考。其中渗透了对佛学思想的领悟，比如他说："释氏之轮回，不特生死轮回，凡念头起灭即是轮回……故一念之起，生之类也，一念之灭，死之类也；于中解脱，是了日用中小生死。"[4]这种日常生活层面的参禅在晚明的士人阶层中非常流行，这也是明末以放逸对抗名教、以心学对抗理学思潮的反映。但朱程理学对中国社会特别是文人士大夫阶层的影响根深蒂固，居于绝对的主导地位。许自昌虽然辞官归隐，却努力结交达官贵人和名士，以提高自己社会地位；重金请名士撰写家人的墓志铭、行状，以及园记等，并著书、刻书，执着于以文章留名；甫里许氏一门三节妇，分别为许自昌的两位婶婶和一位兄嫂，许自

❶ 黄裳．梅花墅，小楼春雨［M］．苏州：古吴轩出版社，1999.

❷（明）陈继儒．许秘书园记，晚香堂集（明崇祯刻本）［M］//四库毁禁书丛刊・集部-66册．北京：北京出版社，1997.

❸（清）陈维中．吴郡甫里志［M］//中国地方志集成・乡镇志专辑5-卷五．南京：江苏古籍出版社，1992.

❹（明）许自昌，樗斋漫录，续修四库全书-1133册［M］．上海：上海古籍出版社，2002.

昌为其生母尽“死孝”——这些都说明礼教思想对许氏家族影响至深。

## 三、藏书、刻书与藏书楼

苏州的文人学士有藏书、刻书的悠久传统。宋吴县朱长文，于乐圃坊藏书两万卷；宋吴县叶梦得在石林谷建楼，藏书三万卷；元吴兴周密著的《齐东野语》，追述本乡藏书之家；元吴县人俞琰隐居南园，藏古书金石数屋，刻自撰《周易集说》四十卷、《周易参同契发挥》三卷和《释疑》一卷，子孙亦承其遗志；元淞江庄肃手抄各类图书，藏书多达八万卷。到明代，苏州藏书、刻书风气更盛，常有家族传承，比如吴县叶氏（叶梦得后人）、长洲文氏（文徵明家族）、昆山叶氏、长洲甫里许氏、东山席氏等。藏书世家又有联姻。如许自昌次子许元恭之女嫁陈继儒之孙陈仙觉，又如许自昌曾孙许心扆娶昆山叶奕苞的女儿为妻。

甫里许氏是藏书世家，除许自昌在梅花墅藏书楼内藏书万卷；长子许元溥继承了这批藏书，并“每于残缺废简中留意搜阅，是以往往得奇书，蓄储既富，多世人所未见也”；孙许虬有万山楼藏书；曾孙许心扆有葵园藏书。黄裳所收许氏藏书《甫里高阳家乘》《梅花墅诗》等均从昆山叶氏流出。黄裳认为这可能是许心扆寄存在妻子娘家的。[1]

明代时，苏州已经成为全国雕刻板印书行业最发达的地区，校对质量、印刷、纸张都属上乘。明代学者胡应麟在《少室山房笔丛》中写道：“盖当代板本盛行，刻者工直重钜，必精加雠校，始付梓……余所见当今刻本，苏常为上，金陵次之，杭又次之，近湖刻歙，刻骤精，遂与苏常争价……”[2]足见苏州书商在行业中的重要位置。书籍的编辑、校对与刻版印刷，是甫里许氏产业的重要部分。许自昌校对和刻印了陆龟蒙、李白、杜甫、皮日修等人的文集，以及《唐诗十二家》《太平广记》等大量书籍，从中获利颇丰。其出品者质量上乘。比如许自昌刊印的《太平广记》，就被雷梦水《古书经眼录》认为佳本。许自昌次子许元恭继承了刻书事业。黄裳曾在笔记中提及，许元恭与陈继儒为姻亲，往来信笺中见陈继儒常为许元恭刻书出谋划策——这是陈继儒作为其父辈至交、姻亲长辈、书籍经营的行家和前辈对晚辈的扶植，以及对挚友刊印产业的守护。[3]

❶ 黄裳．梅花墅，小楼春雨［M］．苏州：古吴轩出版社，1999．

❷（明）胡应麟．少室山房笔丛［M］//文渊阁四库全书·子部·杂家类-第八八六册．上海：上海古籍出版社，1987：210．

❸ 同❶．

# 第六节 梅花墅图景

《许秘书园记》和《梅花墅记》都按照游园的空间和时间顺序进行描述，这使得梅花墅大体的山池建筑布局的还原有较为具体和确定的依据。

## 一、梅花墅的面积

关于梅花墅的面积，陈继儒在《许秘书园记》和《秋日过访玄祐题梅花墅》诗中都有提及："太公尝选地百亩，菀袠其前，而后则樊潴水种鱼"❶；"屋后开园百亩余，登临不用上巾车。"❷明代一亩约为614平方米；明代百亩，等于明代一顷，约为今6公顷。

## 二、墅门的位置

关于墅门的位置，是通过两条线索确定的。首先，两篇园记中所记的游览顺序大体为"盘桓山路——下山向东——向南——转西南——向西——向北"的环形路线，由此判断墅门在墅址西北界；其次，陈维中的《吴郡甫里志》记载："许中翰自昌宅在太平桥南堍之东朝北，前有贞节坊"❸，这个位置恰在墅址之西北方，正符合陈眉公"太公尝选地百亩，菀袠其前，而后则樊潴水种鱼"❹，"治梅花墅于宅址之南"❺的说法，那么把墅门安排在离自宅南门较近的位置就最为合理。综上所述，可以推测墅门位于墅址西北角，朝北。

钟伯敬的《梅花墅记》还记载了梅花墅的小门："得闲堂之东流，有亭曰涤砚，始为门于墙如穴，以达墙外之阁，阁曰湛华。"❻其位置在墅东南墙垣。

除了这两处客人能接触到的墅门，还应当有仆人走的旁门，其位置最有可能在西北部正门之西。

## 三、梅花墅内的山水格局

入口在墅西北角，过杞菊轩即可上山，这说明山的西缘或南缘非常接近入口。综合陈眉公、钟伯敬两篇园记对墅西北部的描述，可知藏书楼、鹤簃和蝶寝踞墅西北部，水面占据墅东部。若要使墅西北部的空间

❶（明）陈继儒．许秘书园记，晚香堂集（明崇祯刻本）[M]//四库毁禁书丛刊·集部-66册.北京：北京出版社，1997.

❷（清）陈维中．吴郡甫里志[M]．中国地方志集成·乡镇志专辑5-卷五．南京：江苏古籍出版社，1992.

❸ 同❷.

❹ 同❶.

❺ 黄裳．梅花墅，小楼春雨[M]．苏州：古吴轩出版社，1999.

❻（明）钟惺．梅花墅记，隐秀轩集（明天启二年沈春泽刻本）[M]//四库毁禁书丛刊·集部-48册．北京：北京出版社，1997.

不过于促狭，又能使水对山体形成环抱之势，则山体基本位于墅北中央偏西的位置。

陈眉公说建造梅花墅时“窦墅而西辇石为岛”[1]，即挖池积土，叠石为山，山周有池；钟伯敬写道“迹暎阁所上磴，回视峰峦岩岫，皆墅西所辇致石也”[2]，暎阁已在高峰之上鸟瞰全墅，而向登临暎阁的方向回望可见群峰耸立，洞壑交织；林云凤在咏山上的转翠亭时写道“山腰翠可攀；松阴绕一转”[3]，陈眉公又说“由在涧缘阶而登，浓荫密篠，葱蒨模糊，中巧嵌转翠亭”[4]，可以判定梅花墅内为土石山。土为墅中拓池疏渠之土；石“皆墅西所辇致石”；土石相间而植被繁茂；临水叠石而成池山之胜。

角直镇内，西部无山，南部有小丘，所以墅中之石产地在角直之外。角直以西30公里有尧峰（现苏州殘磋岭南），产黄石；角直以西四五十公里有太湖洞庭山，产湖石。计成在《园冶》中写道：“太湖石，苏州府所属洞庭山，石产水涯，惟消夏湾者为最；性坚而润，有嵌空、穿眼、宛转、崄怪势；一种色白，一种色青而黑，一种色微黑青；其质文理纵横，笼络起隐，于石面遍多坳坎，盖因风浪中冲激而成，谓之‘弹子窝’，扣之微有声；采人携锤錾入深水中，度奇巧取凿，贯以巨索，浮大舟，架而出之；此石以高大为贵，惟宜植立轩堂前，或点乔松奇卉下，装治假山，罗列园林广榭中，颇多伟观也；自古至今，采之已久，今尚鲜矣……黄石，黄石是处皆产，其质坚，不入斧凿，其文古拙；如常州黄山，苏州尧峰山，镇江圌山，沿大江直至采石之上皆产；俗人只知顽夯，而不知奇妙也。”[5]可见，太湖石和黄石性状迥异，却都为掇山上品。计成生于万历十年（1582年），为许自昌同时代人。《园冶》书成时，计成五十三岁（1635年），当时，许自昌已经过世12年，梅花墅建成已约20年。计成所说太湖石“采之已久，今尚鲜矣”的情况，在许自昌造梅花墅时可能已经存在。许自昌所用未必真太湖石，也可为“石农”所种。或有太湖石，也数量极少，价格昂贵。黄石则是平常石材，天然古拙。赝湖石和黄石都有可能在园中使用。

由于墅西北被藏书楼、鹤籞和蝶寝占据，所以假山会向东或东南方向延伸；又因为山向东南方向延伸才更容易为水所环抱，形成半岛之势，所以，“峰峦岩岫”的景象主要集中于暎阁东南侧，以叠石假山为主，而且登临暎阁的磴道也最终宛转绕行到东南侧抵达暎阁。

钟伯敬的《梅花墅记》中特别提到：“大要三吴之水，至甫里始畅；墅外数武，反不见水，水反在户以内；盖别为暗窦，引水入园。”[6]甫里属吴淞江流域，径流由甫里西部塘口入境，向东流向昆山界。因此，墅内水也是自西向东的流向。前文已经分析得出，山体在墅西部到中部偏北；而得闲堂在中部偏南，与山体隔水形成对景；从锦淙滩可与流影廊隔水相望。因此，按照陈眉公在《行状》中所说的“石十之一，花竹十之三，水十之七”[7]的比例，墅东部应以水面为主。许自昌、钟伯敬两篇园记中记有三桥：跨越山中小池之梁、跨越东流的漾月梁和北渡的浮红渡。由此可判定墅内水体的大致走向：水自墅西北侧暗窦引入，一条径流蜿蜒向南，后转向东，水面渐宽，在墅东北部形成宽广湖面，又有东南支流，在墅东

[1]（明）陈继儒．许秘书园记，晚香堂集（明崇祯刻本）[M]//四库毁禁书丛刊·集部-66册．北京：北京出版社，1997.

[2]（明）钟惺．梅花墅记，隐秀轩集（明天启二年沈春泽刻本）[M]//四库毁禁书丛刊·集部-48册．北京：北京出版社，1997.

[3]（明）林云凤．梅花墅诸咏，（清）陈维中．吴郡甫里志[M]//中国地方志集成·乡镇志专辑5-卷五．南京：江苏古籍出版社，1992.

[4] 同[1].

[5]（明）计成．园冶注释[M]．陈植注释．北京：中国建筑工业出版社，1988.

[6]（明）钟惺．梅花墅记，隐秀轩集（明天启二年沈春泽刻本）[M]//四库毁禁书丛刊·集部-48．北京出版社，1997.

[7]黄裳．梅花墅，小楼春雨[M]．苏州：古吴轩出版社，1999.

南形成莲沼；另一条暗流引向土石山，以供给山石池、山涧、溪流，最终汇入湖中。湖中之水由暗窦从墅东侧出。

综上所述，山与水形成阴阳互抱之势，气韵贯通，控制梅花墅之大观。

## 四、从杞菊斋到转翠亭

从游园人入门，即坦步穿杞菊斋。杞子、白菊可制成羹，也是常常搭配使用的两味中药（但清初才收入医书，如《年希尧集验良方》《麻疹全书·汤饮丸散膏丹》等）；甫里地区则在唐代就有“杞菊春苗恣肥，日得采撷之以供左右杯案”[1]的习俗。因此，杞菊斋前后的庭院中，很可能种植了菊花、枸杞两种植物。

钟伯敬说：“开扉坦步，过杞菊斋，盘磴跻暎阁”[2]，穿过杞菊斋便可上山。常用的造园之法是“开门见山”，即过杞菊斋正对山屏，有磴道向东，可攀登。另一种可能是杞菊轩南有小庭院空间，引人转东向上山。前文分析已知，山的主体位于杞菊斋之东，因此取后一种可能。

下暎阁后，“磴腋分道”[3]，推测其一为返回杞菊轩的道路，另一为通向山间谷地的路径。沿后者，便到达陈眉公所言“蹑足蹇渡，深不及踝，浅可渐裳”[4]的山间溪水。这同一处小溪，钟伯敬描述为“足缩如循，褰渡曾不渐裳”[5]。

渡溪便是山洞的入口，叠石假山形成了浣香洞、小西洞两个洞穴，其间以小池相隔，又架石梁相通。“洞穹宛转”[6]，实际是在有限的地局内制造幽深无尽的感觉。林云凤咏浣香洞“桃洞花无数，斜枝映粉垣”[7]，大概洞口有桃树，又可看到距离最近的北面一段墙垣。浣香洞内“水风射人，有霜雹，虬龙潜伏之气，时飘花板，冉冉从石隙流出，衣裾皆天香矣”[8]，似有潜流与高处溪涧相通；而高处池水，应有暗藏的汲水装置。“小西洞”命名取秦人藏书之典。从小西洞而至招爽亭，陈眉公说：“又穿小酉洞，洞枕招爽亭，亭憩坐久之，径渐夷，湖光渐劈”[9]；林云凤诗云：“亭子当西爽，秋来凉可招”[10]。招爽亭与小西洞的出口位置临近，但亭即在洞口，还是洞外数武，却不可悉知；但从“亭子当西爽，秋来凉可招”可以想象洞中凉风从西而来，穿越招爽亭的情景，小西洞出口极可能朝东或东南；出亭后继续东行时，“径渐夷，湖光渐劈”，这样视野由局限到开阔的过程体验，提示招爽亭在山隙之中。

❶（唐）陆龟蒙．杞菊诗并序，（清）陈维中．吴郡甫里志［M］//中国地方志集成·乡镇志专辑5-卷四．南京：江苏古籍出版社，1992.

❷（明）钟惺．梅花墅记，隐秀轩集（明天启二年沈春泽刻本）［M］//四库毁禁书丛刊·集部-48册．北京：北京出版社，1997.

❸（明）陈继儒．许秘书园记，晚香堂集（明崇祯刻本）［M］//四库毁禁书丛刊·集部-66册．北京：北京出版社，1997.

❹ 同❸.

❺ 同❷.

❻ 同❸.

❼（明）林云凤．梅花墅诸咏，（清）陈维中．吴郡甫里志［M］//中国地方志集成·乡镇志专辑5-卷五．南京：江苏古籍出版社，1992.

❽ 同❸.

❾ 同❸.

❿ 同❼.

到达锦淙滩，豁然开朗，"苔石累累，啮波吞浪"[1]，是水边滩涂景象。隔水相望"修廊曲折，宛然紫蜺素虹"，是点明了锦淙滩西南一面的对景。能"渴而下饮"[2]，又能"投百尺竿"[3]，野趣盎然。因为前文有小西洞朝东，后文提示路线将向北折，所以锦淙滩应该是山之东南端。

从锦淙滩"迤北行，有三角亭，曰在涧"[4]，"涧水清无底，游鱼长若饥"[5]（林云凤诗）。"在涧亭"，可望文生义：有三角亭在（锦淙滩以北）山涧之侧。陈眉公文中记："由在涧缘阶而登，浓荫密篠，葱蒨模糊，中巧嵌转翠亭；下亭，投映阁（钟伯敬作暎阁）下；东达双扉；向隔水望，见修廊曲折，方自此始；余榜曰流影廊。"[6]钟伯敬文中记："由此行，峭蒨中忽著亭……见立石甚异，拜而赠之以名，曰灵举；向所见廊周于水者，方自此始，陈眉公榜曰流影廊。"[7]林云凤诗写道："（转翠亭）山腰翠可攀；松荫绕一转"[8]由在涧亭继续攀登，推测继续向北（没有改变方向的文字线索），浓荫密篠夹道，松阴间忽现转翠亭，从亭下山，正可以到达刚刚路过的暎阁之下，旁有灵举石，由此向东有双扉，扉后便是流影廊的开端。双扉是在什么样的环境下出现的呢？门内是山岩密筱夹道的山路，还是山脚的一方小庭院？是截断山路的孤立的门，还是一段粉墙上的月门？这些是无法求证的细节。

## 五、从流影廊到藏书楼

钟伯敬登临暎阁时，俯瞰梅花墅全景，"从暎阁上缀目新眺，见廊周于水，墙周于廊，又若有阁亭亭处墙外者；林木荇藻，竟川含绿……"[9]这里围绕廊的墙，有可能是墅墙，也有可能是内部院落的隔墙，较为确定的是，廊的形式以单面空廊为主，围绕主要水域的周边而行。钟伯敬到山东南侧的锦淙滩时，隔水眺望，"指修廊中隔水外者，竹树表里之，流响交光，分风争日，往往可即，而仓卒莫定其处，姑以廊标之；予诗所谓'修廊界竹树，声光变远迩'者是也。"[10]流影廊和锦淙滩形成对景，所以廊的开端在山之东侧的双扉，经墅东缘，一直蜿蜒至墅南缘的某处。

从山东侧双扉进入流影廊，游园者随廊宛转前行。陈眉公写道："碧落亭踞廊面西；西山烟树扑堕檐瓦几上"[11]，说明碧落亭在廊的路径之上，坐东面西，与叠石山隔水相对，基本可以将碧落亭定位于墅东墙中段附近。钟伯敬写道："沿缘朱栏，得碧落亭；南折数十武，为庵，奉维摩居士，廊之半也；又四五十武为漾月梁，梁有亭……"[12]，指明维摩庵距离碧落亭非常近，也在墅东侧边缘附近，而维摩庵处，廊恰到总长度约一半的位置。此后廊的走向文字资料中都未明确提及。

维摩庵"四五十武"[13]以西是漾月梁。林云凤在诗中称漾月梁为"虹桥"，以此推测其为拱桥。陈眉公文中记此桥为"渡月梁"，而钟伯敬文和其他文献资料均记载为"漾月梁"，且林云凤有"虹梁何夭矫，月影漾中流"[14]诗句。

[1] （明）陈继儒．许秘书园记，晚香堂集（明崇祯刻本）[M]//四库毁禁书丛刊·集部-66册．北京：北京出版社，1997.

[2] 同[1].

[3] （明）林云凤．梅花墅诸咏，（清）陈维中．吴郡甫里志[M]//中国地方志集成·乡镇志专辑5-卷五．南京：江苏古籍出版社，1992.

[4] 同[1].

[5] （清）陈维中．吴郡甫里志[M]//中国地方志集成·乡镇志专辑5-卷五．南京：江苏古籍出版社，1992.

[6] 同[1].

[7] 同（明）钟惺．梅花墅记，隐秀轩集（明天启二年沈春泽刻本）[M]//四库毁禁书丛刊·集部-48册．北京：北京出版社，1997.

[8] 同[5].

[9] 同[7].

[10] 同[7].

[11] 同[1].

[12] 同[7].

[13] 武：长度单位，明代"武"约0.8米。

[14] 同[3].

故陈眉公文中的"渡月梁"可能后来被易名为"漾月梁",也可能是辑抄过程中发生了错误。陈眉公、钟伯敬的两篇园记在写此桥时都提到"梁有亭"。若亭在桥侧，则按照两位园记作者前文的叙述习惯，会被叙述为"过某亭有某梁"，或者"过某梁至某亭"。且钱允治有诗云："桥中亦自容两叟"[1]。因此，此亭应在桥上。陈眉公又说"亭可候船"[2]，则亭侧有木梯或石阶降达水面。

漾月梁是陈眉公、钟伯敬的两篇园记中所记维摩庵的下一处景观。而廊的走势，从维摩庵开始就找不到确切文字记录了。对于其后园廊的路径可以做如下两种推测：

第一条路径：如果廊到达漾月梁，必然不会停止（维摩庵是廊之半处，而维摩庵到漾月梁只四五十武），形成廊桥，廊桥上有亭；而后继续延伸到得闲堂的东庑；得闲堂是墅中最核心的建筑，很可能取两翼对称之势，即廊出西庑，继续向西北蜿蜒，终止于水边的竟观居。

第二条路径：如果廊不经过漾月梁，而是沿墅东缘蜿蜒向南，绕过东南角的滴秋庵向西，便可到达墅东南缘贴墙垣而立的"涤砚亭"。廊以亭为终止处。

前者，廊的走向完全符合园记叙述的游园路径；基本符合钟惺文中维摩庵处是"廊之半"的说法[3]；廊由维摩庵宛转向西，廊桥横过"东流"之上，这就使得东南角的莲沼和滴秋庵被廊及廊桥隔开，成为一个相对独立的水院，增加了墅内的空间层次。

后者，廊从维摩庵到涤砚亭的长度，也基本符合维摩庵在廊一半处的描述；廊自墅东至东南一段，始终沿院墙或墅墙蜿蜒而进，符合钟伯敬"见廊周于水，墙周于廊"[4]的描述；但廊此后的走向与游园路径不同，需假设游园者从维摩庵处离开廊。

比较两种路径，第一种在功能和空间处理上都更有优势，且钱允治有诗云"曲廊婉转通画桥"[5]，因此，笔者倾向于第一种路径——廊从维摩庵向西跨水接得闲堂东庑，出西庑，终止于竟观居。廊的形式以单面空廊为主，而在廊桥附近则为双面空廊。

得闲堂"在墅中最丽，槛外石台可坐百人，留歌娱客之地也"[6]；"渡梁入得闲堂，闳爽弘敞，槛外石台，广可一亩余，虚白不受纤尘，清凉不受暑气。"[7]从这样的描述可以看出，得闲堂是墅内形制最高、最弘敞的建筑，是主人社交的场所。因此，以游廊援引客人到此，也是一种合理的功能设置。循园记所述路线，得闲堂几乎于墅南部中央的位置，这个位置与此建筑在墅中的重要地位是相符的。得闲堂内和堂北石台常被用作观演场所，堂内铺氍毹[8]，或台上扎棚，便可满足规模不同的家乐

❶（明）钱允治．梅花墅歌赠许玄祐，（清）陈维中．吴郡甫里志［M］//中国地方志集成·乡镇志专辑5．南京：江苏古籍出版社，1992.

❷（明）陈继儒．许秘书园记，晚香堂集（明崇祯刻本）［M］//四库毁禁书丛刊·集部-66册．北京出版社，1997.

❸（明）钟惺．隐秀轩集·梅花墅记［M］//四库禁毁书丛刊·集部-48册．北京：北京出版社，1997：358.

❹（明）钟惺．隐秀轩集·梅花墅记［M］//四库毁禁书丛刊·集部-48册．北京：北京出版社，1997.

❺ 同❶.

❻ 同❹.

❼ 同❷.

❽ 氍毹：（qú shū）毛织的地毯，旧时演戏时常铺红色氍毹以划定表演区域。

演出，因此，得闲堂东西两侧可能设有厢房作为化妆、休息和临时放置道具的空间。也可能廊在得闲堂东西两庑处形成暖廊，用途同前。

钟伯敬写道："观临水，接浮红渡"❶；林云凤《梅花墅诸咏》云："泪口多芳树，花飞胜有春。"❷得闲堂的西北部为临水的竟观居，竟观居旁为浮红渡，堤岸宽广，推测这里的"芳树"即为梅花，为墅名的由来。此处也接近客人游园的西侧界限了。陈眉公说："循观临水，浮红渡；渡北楼阁以藏秘书；更入为鹤簃、蝶寝，游客不得跡矣。"❸

此时，游园的客人便原路返回到得闲堂。

## 六、从得闲堂到湛华阁

从得闲堂到湛华阁是游园路径上的一个分支。

钟伯敬说："得闲堂之东流，有亭曰涤砚，始为门于墙如穴，以达墙外之阁，阁曰湛华……向所见亭亭不可得即至者是也"❹从得闲堂沿水的南岸向东，到达涤砚亭。亭倚墙而立，其下是梅花墅的次要入口，穿过这道门，是通往墅墙之外的湛华阁的小路。墅外东南侧的湛华阁与墅内西北耸立山上的映阁相互遥望。湛华阁未在墅内，而是建在墅外，盖为墅南地势平缓，（墅西南向遥远处有张陵山），视野之内无明显"中景"，特为楼阁以形成南向眺望的焦点，使得墅南垣外有可借之景。

登临湛华阁，可俯视墅内景观："湛华阁，摩于群水之表，下瞰莲沼；沼匝长堤，而垂杨修竹茭蒲菱芡之属，至此益纷纷披辐辏；堤之东南阴森处，小缚围蕉，鸥鹭凫鹥……此中桃霞莲露，缋绣绮错，而一片澄泓萧瑟之景，独此写出江南秋，故曰滴秋庵。"❺从湛华阁俯视所见莲沼，是漾月梁东南的水域，滴秋庵则在这片池沼的东南堤乔木阴森处。而之前过漾月梁时似乎并没有直接看到这个区域，所以莲沼与滴秋庵很可能是相对封闭而独立的幽静空间，这样的特性与前文所推测的由单面空廊所分隔出的水院十分相符。

两篇园记所记述的游园经历，至此处也就结束了。

## 七、主人路径

《许秘书园记》和《梅花墅记》都是从梅花墅客人的视角来描绘这座园林的。但是，梅花墅的日常，除了主人会客之外，更有日常的园居生活，比如读书、弹琴、对弈、写传奇、训练家乐、校对书籍等。既是生活之处，就必然有供给生活所需的配套用房，有方便主人出入的专门路径。主人如果从宅院去藏书楼，应在杞菊斋西北有直达通道。由藏书楼也可以过浮红渡，很快到达得闲堂。

❶（明）钟惺．梅花墅记，隐秀轩集（明天启二年沈春泽刻本）［M］//四库毁禁书丛刊，集部-48册．北京：北京出版社，1997.

❷（清）陈维中．吴郡甫里志［M］//中国地方志集成·乡镇志专辑5-卷五．南京：江苏古籍出版社，1992.

❸（明）陈继儒．许秘书园记，晚香堂集（明崇祯刻本）［M］//四库毁禁书丛刊·集部-66册．北京：北京出版社，1997.

❹ 同❶.

❺ 同❸.

## 八、梅花墅复原图

将这些与梅花墅布局方式和景物性质相关的文字加以整理，形成《梅花墅文字文献联系图》（见章后插页），就可发现园林中各个建筑或景观之间的联系方式和相对位置，从而将一些关键的建筑或景观定位，逐渐推演出山池的位置和大致形态，然后提炼细节描述，归纳园林建筑的功能与形式、园林景观的特征和植物的种类、范围,并将这些信息体现在《梅花墅平面示意图》中（见章后插页）。

水墨《梅花墅图》（见章后插页）是根据《梅花墅文字文献联系图》对梅花墅格局、形态和意境的写意描绘。引用梅花墅生活图景水墨数幅，描述局部景观和主人的园居生活。（图5-7～图5-9，及章后插页）

◎图5-7　梅花墅　浣香洞　严东《当代中国画实力派画家作品集——严东》

8
—
9

◎图5-8 梅花墅 得闲堂 严东《当代中国画实力派画家作品集——严东》

◎图5-9 梅花墅 滴秋庵 严东《当代中国画实力派画家作品集——严东》

# 第六章 ◎ 尾声

中国传统私家园林灿若星辰，暂择其四，轻拭尘埃便光彩熠熠。学识所限，解读尚浅，故始终惴惴不安，唯恐妄言。若有误读之处，期待各位学者与前辈指正。

从文字到图画的过程，是从沉浸幻想，到仔细考证、反复揣摩、谨慎推测，最终惬意建构的过程。古籍鲜活的文字，诱人入境，使我恍若与古人对谈；模糊的叙述，引人好奇，使我不惮竹林中的迷雾；我将浓淡的墨色，晕染时光，欲捕捉小园的往昔掠影——其中体验，安静而热烈。相伴两年，终有杀青，难免依恋。

于书籍将付梓之时，特别感谢导师王新征先生促成此事并拟定书名，两年中一直给予指导、鼓励与支持。

感谢严东先生，以潇洒骏逸的笔墨再现古人的园居场景——画中山池草木如获生命，画外观者似入境中。

# 附录一 金古园相关文字文献

金谷诗序（晋）石崇

（自清代严可均辑《全上古三代秦汉三国六朝文全晋文》，据光绪二十年黄冈王氏刻本民国十九年影印本，续修四库全书，上海古籍出版社）

余以元康六（《水经注》引文中作“七”）年，从太仆卿出为使持节、监青徐诸军事、征虏将军，有别庐在河南县界金谷涧中，去城十里，或高或下，有清泉、茂林、众果、竹柏、药草之属，金田十顷，羊二百口，鸡猪鹅鸭之类，莫不毕备；又有水碓、鱼池、土窟，其为娱目欢心之物备矣。时征西大将军祭酒王诩当还长安，余与众贤，共送往涧中，昼夜游晏，屡迁其坐，或登高临下，或列坐水滨，时琴瑟笙筑，合载车中，道路并作；及住，令与鼓吹递奏，遂各赋诗，以叙中怀；或不能者，罚酒三斗。感性命之不永，惧凋落之无期，故具列时人官号姓名年纪，又写诗箸后；后之好事者，其览之哉。凡三十人，吴王师、议郎、关中侯、始平武功苏绍，字世嗣，年五十，为首。[1]

思归叹并序（晋）石崇

（自清代严可均辑《全上古三代秦汉三国六朝文全晋文》，据光绪二十年黄冈王氏刻本民国十九年影印本，续修四库全书，上海古籍出版社）

余少有大志，夸迈流俗。弱冠登朝，历位二十五年。年五十，以事去官。晚节更乐放逸，笃好林薮，遂肥遁于河阳别业。其制宅也，却阻长堤，前临清渠。百木几于万株，流水周于舍下。有观阁池沼，多养鱼鸟。家素习技，颇有秦赵之声。出则以游目弋钓为事，入则有琴书之娱。又好服食咽气，志在不朽，傲然有凌云之操。欻复见牵羁，婆娑于九列，困于人间烦黩，常思归而永叹。寻览乐篇，有《思归引》，傥古人之情，有同于今，故制此曲。此曲有弦无歌，今为作歌辞，以述余怀。恨时无知音者，令造亲新声而播于丝竹也。（文选）

登城隅兮临长江，极望无涯兮思填胸。鱼瀺灂兮鱼缤翻，泽雉游凫兮戏中园。秋风厉兮鸿燕征，蟋蟀嘈嘈兮晨夜鸣。落叶飘兮枯枝竦，百草零兮覆畦垅。时光逝兮年易尽，感彼岁暮兮怅自愍。廓羁旅兮滞野都，愿御光风兮忽归徂。惟金石兮幽且清，林郁茂兮芳草盈。玄泉流兮萦丘阜，阁馆萧寥兮荫丛柳。吹长笛兮弹五弦，高歌凌云兮乐余年。舒篇卷兮与圣谈，释冕投绂兮希彭聃。超逍遥兮绝尘埃，福亦不至兮祸不来。（艺文类聚二十八）[2]

[1]（西晋）石崇．金谷诗序［M］//续修四库全书-1605册．（清）严可均辑．全上古三代秦汉三国六朝文（已上卷三十二）．全晋文．上海：上海古籍出版社，2002：228.

[2]（西晋）石崇．思归叹［M］//续修四库全书-1605册．（清）严可均辑．全上古三代秦汉三国六朝文（已上卷三十三）．全晋文．上海：上海古籍出版社，2002：333-335.

金谷集作诗一首（晋）潘安仁

（据南朝梁萧统编，唐李善注《文选》，文渊阁四库全书，台湾商务印书馆）

王生和鼎实，石子镇海沂。亲友各言迈，中心怅有违。何以叙离思？携手游郊畿。朝发晋京阳，夕次金谷湄。回溪萦曲阻，峻阪路威夷。绿池泛淡淡，青柳何依依。滥泉龙鳞澜，激波连珠挥。前庭树沙棠，后园植乌椑。灵囿繁若榴，茂林列芳梨。饮至临华沼，迁坐登隆坻。玄醴染朱颜，但愬杯行迟。扬桴抚灵鼓，箫管清且悲。春荣谁不慕？岁寒良独希！投分寄石友，白首同所归。[1]

《世说新语》节选（南朝）刘义庆[2]

谢公云："金谷中苏绍最胜。"绍是石崇姊夫，苏则孙，愉子也。（品藻，第九）

王右军得人以《兰亭集序》方《金谷诗序》，又以己敌石崇，甚有欣色。（企羡，第十六）

石崇每要客燕集，常令美人行酒；客饮酒不尽者，使黄门交斩美人。王丞相与大将军尝共诣崇。丞相素不善饮，辄自勉强，至于沈醉。每至大将军，固不饮以观其变，已斩三人，颜色如故，尚不肯饮。丞相让之，大将军曰："自杀伊家人，何预卿事！"（汰侈，第三十）

石崇厕常有十余婢侍列，皆丽服藻饰，置甲煎粉、沈香汁之属，无不毕备。又与新衣着令出。客多羞不能如厕。王大将军往，脱故衣，着新衣，神色傲然。群婢相谓曰："此客必能作贼。"（汰侈，第三十）

石崇每与王敦入学戏，见颜、原象而叹曰："若与同升孔堂，去人何必有间！"王曰："不知余人云何，子贡去卿差近。"石正色云："士当令身名俱泰，何至以瓮牖语人！"（汰侈，第三十）

孙秀既恨石崇不与绿珠，又憾潘岳昔遇之不以礼。后秀为中书令。岳省内见之，因唤曰："孙令，忆畴昔周旋不？"秀曰："中心藏之，何日忘之？"岳于是始知必不免。后收石崇、欧阳坚石，同日收岳。石先送市，亦不相知。潘后至，石谓潘曰："安仁，卿亦复尔邪？"潘曰："可谓'白首同所归'。"潘《金谷集诗》云："投分寄石友，白首同所归。"乃成其谶。（仇隙，第三十六）

唐修《晋书》节选

《司马法》广陈三代，曰：古者六尺为步，步百为亩，亩百为夫，夫三为屋，屋三为井。井方一里，是为九夫，八家共之。一夫一妇受私田百亩，公田十亩，是为八百八十亩，余二十亩为庐舍，出入相友，守望相助，疾病相救。（卷十四，志第四，地理志上）[3]

及平吴之后，有司又奏：诏书'王公以国为家，京城不宜复有田

[1]（西晋）潘安仁．金谷集作诗一首［M］//景印文渊阁四库全书-1329册．（梁）萧统．文选．（唐）李善注．台北:台湾商务印书馆，1982：361.

[2]（南朝宋）刘义庆．世说新语［M］//（梁）刘孝标注．摛藻堂四库全书荟要-278册．台北：世界书局印行，1885：183，209，257.

[3]（唐）房玄龄等．晋书［M］//景印文渊阁四库全书-255册．台北：台湾商务印书馆，1982：242.

宅。今未暇作诸国邸，当使城中有往来处，近郊有刍藁之田’今可限之，国王公侯，京城得有一宅之处；近郊田，大国田十五顷，次国十顷，小国七顷。城内无宅城外有者，皆听留之’又制户调之式：丁男之户，岁输绢三匹，绵三斤，女及次丁男为户者半输。其诸边郡或三分之二，远者三分之一。夷人输賨布，户一匹，远者或一丈。男子一人占田七十亩，女子三十亩。其外，丁男课田五十亩，丁女二十亩，次丁男半之，女则不课。男女年十六已上至六十为正丁，十五已下至十三、六十一已上至六十五为次丁，十二已下六十六已上为老小，不事。远夷不课田者输义米，户三斛，远者五斗，极远者输算钱，人二十八文。其官品第一至于第九，各以贵贱占田，品第一者占五十顷，第二品四十五顷，第三品四十顷，第四品三十五顷，第五品三十顷，第六品二十五顷，第七品二十顷，第八品十五顷，第九品十顷；而又各以品之高卑阴其亲属，多者及九族，少者三世；宗室、国宾、先贤之后及士人子孙亦如之；而又得荫人以为衣食客及佃客；品第六已上得衣食客三人，第七第八品二人，第九品及举辇、迹禽、前驱、由基、强弩、司马、羽林郎、殿中冗从武贲、殿中武贲、持椎斧武骑武贲、持鈒冗从武贲、命中武贲武骑一人；其应有佃客者，官品第一第二者佃客无过五十户，第三品十户，第四品七户，第五品五户，第六品三户，第七品二户，第八品第九品一户。❶

崇字季伦，生于青州，故小名齐奴。少敏惠，勇而有谋。苞临终，分财物与诸子，独不及崇。其母以为言，苞曰：“此儿虽小，后自能得。”年二十余，为修武令，有能名。入为散骑郎，迁城阳太守。伐吴有功，封安阳乡侯。在郡虽有职务，好学不倦，以疾自解。顷之，拜黄门郎。崇颖悟有才气，而任侠无行检。在荆州，劫远使商客，致富不赀。征为大司农，以征书未至擅去，官免。顷之，拜太仆，出为征虏将军，假节监徐州诸军事，镇下邳。崇有别馆在河阳之金谷，一名梓泽，送者倾都，帐饮于此焉。至镇，与徐州刺史高诞争酒相侮，为军司所奏，免官。复拜卫尉，与潘岳谄事贾谧。谧与之亲善，号曰二十四友。广城君每出，崇降车路左，望尘而拜，其卑佞如此。（卷三十三，列传第三，石崇传）❷

财产丰积，室宇宏丽，后房数百，皆曳纨绣珥，金翠丝竹，尽当时之选，庖膳穷水陆之珍，与贵戚王恺、羊琇之徒以奢靡相尚。恺以粭澳釜，崇以蜡代薪；恺作紫丝布步障四十里，崇作锦步障五十里以敌之；崇涂屋以椒，恺用赤石脂。崇、恺争豪如此。武帝每助恺，尝以珊瑚树赐之，高二尺许，枝柯扶疏，世所罕比。恺以示崇，崇便以铁如意击之，应手而碎。恺既惋惜，又以为嫉己之宝，声色方厉。崇曰，不足多恨，今还卿。乃命左右悉取珊瑚树，有高三四尺者六七株，条干绝俗，光彩曜日，如恺比者甚众。恺恍然自失矣。崇为客作豆粥，咄嗟便办。每冬，得韭萍齑。尝与恺出游，争入洛城，崇牛迅若飞禽，恺绝不能及。恺每以此三事为恨，乃密货崇帐下，问其所以。答云：豆至难煮，豫作熟末，客来，但作白粥以投之耳；韭萍齑是捣韭根杂以麦苗耳；牛奔不迟，良由驭者逐不及反制之，可听蹁辕则快矣。于是悉从之，遂争长焉。崇后知之，因杀所告者。（卷三十三，列传第三，石崇传）❸

❶（唐）房玄龄等．晋书［M］//景印文渊阁四库全书-255册．台北：台湾商务印书馆，1982：471，472.

❷（唐）房玄龄等．晋书［M］//景印文渊阁四库全书-255册．台北：台湾商务印书馆，1982：604-605.

❸（唐）房玄龄等．晋书［M］//景印文渊阁四库全书-255册．台北：台湾商务印书馆，1982：605-606.

石崇学乃多闻，情乖寡悔，超四豪而取富，喻五侯而竞爽。春畦藿靡，列于凝沍之晨；锦障逶迤，亘以山川之外。（卷三十三，列传第三，石崇传）❶

崇与王敦入太学，见颜回、原宪之象，顾而叹曰："若与之同升孔堂，去人何必有间。"敦曰："不知余人云何，子贡去卿差近。"崇正色曰："士当身名俱泰，何至瓮牖哉！"（卷三十三，列传第三，石崇传）❷

及贾谧诛，崇以党与免官。时赵王伦专权，崇甥欧阳建与伦有隙。崇有妓曰绿珠，美而艳，善吹笛。孙秀使人求之。崇时在金谷别馆，方登凉台，临清流，妇人侍侧。使者以告。崇尽出其婢妾数十人以示之，皆蕴兰麝，被罗縠，曰："在所择。"使者曰："君侯服御丽则丽矣，然本受命指索绿珠，不识孰是？"崇勃然曰："绿珠吾所爱，不可得也。"使者曰："君侯博古通今，察远照迩，愿加三思。"崇曰："不然。"使者出而又反，崇竟不许。秀怒，乃劝伦诛崇、建。崇、建亦潜知其计，乃与黄门郎潘岳阴劝淮南王允、齐王冏以图伦、秀。秀觉之，遂矫诏收崇及潘岳、欧阳建等。崇正宴于楼上，介士到门。崇谓绿珠曰："我今为尔得罪。"绿珠泣曰："当效死于官前。"因自投于楼下而死。崇曰："吾不过流徙交、广耳。"及车载诣东市，崇乃叹曰："奴辈利吾家财。"收者答曰："知财致害，何不早散之？"崇不能答。崇母兄妻子无少长皆被害，死者十五人，崇时年五十二。（卷三十三，列传第三，石崇传）❸

有司簿阅崇水碓三十余区，苍头八百余人，他珍宝货贿田宅称是。（卷三十三，列传第三，石崇传）❹

（刘寔）尝诣石崇家，如厕，见有绛纹帐，裀褥甚丽，两婢持香囊。寔便退，笑谓崇曰："误入卿内。"崇曰："是厕耳。"寔曰："贫士未尝得此。"乃更如他厕。（卷四十一，列传第十一，刘寔传）❺

时征虏将军石崇河南金谷涧中有别庐，冠绝时辈，引致宾客，日以赋诗。琨预其间，文咏颇为当时所许。（卷六十二，列传第三十二，刘琨传）❻

石崇以奢豪矜物，厕上常有十余婢侍列，皆有容色，置甲煎粉、沈香汁，有如厕者，皆易新衣而出。（卷九十八，列传第六十八，王敦传）❼

❶（唐）房玄龄等. 晋书［M］//景印文渊阁四库全书-255册. 台北：台湾商务印书馆，1982：606.

❷ 同❶.

❸（唐）房玄龄等. 晋书［M］//景印文渊阁四库全书-255册. 台北：台湾商务印书馆，1982：607.

❹ 同❸.

❺（唐）房玄龄等. 晋书［M］//景印文渊阁四库全书-255册. 台北：台湾商务印书馆，1982：723.

❻（唐）房玄龄等. 晋书［M］//景印文渊阁四库全书-256册. 台北：台湾商务印书馆，1982：58.

❼（唐）房玄龄等. 晋书［M］//景印文渊阁四库全书-256册. 台北：台湾商务印书馆，1982：605.

### 《太平广记》节选（宋）李昉等编

### （自卷第二百三十六·奢侈）

晋石崇与王恺争豪。晋武帝，恺甥也，尝以一珊瑚树与恺，高二尺许，枝柯扶疏，世间罕比。恺以示崇。崇视讫，举铁如意击碎之，应手丸裂。恺甚惋惜，又以为嫉己之宝，声色方厉。崇曰："不足恨，今还卿。"乃命左右，悉取珊瑚树。有高三尺，条干绝俗，光彩溢目者六七

枚。如恺比者甚众。恺怅然自失。(出《世说》)

(自卷第二百七十二·石崇婢翾风)

石季伦所爱婢，名翾风，魏末，于胡中买得之。年始十岁，使房内养之，至年十五，无有比其容貌，特以姿态见美。妙别玉声，能观金色。石氏之富，财比王家，骄奢当世。珍宝瑰奇，视如瓦砾，聚如粪土，皆殊方异国所得，莫有辨识其处者。使翾风别其声色，并知其所出之地，言："西方北方，玉声沉重而性温润，佩服益人性灵；东方南方，玉声清洁而性清凉，佩服者利人精神。"石氏侍人美艳者数千人，翾风最以文辞擅爱。石崇常语之曰："吾百年之后，当指白日，以汝为殉。"答曰："生爱死离，不如无爱，妾得为殉，身其何朽！"于是弥见宠爱。崇常择美容姿相类者数十人，装饰衣服，大小一等，使忽视不相分别，常侍于侧。使翾风调玉以付工人，为倒龙之珮，萦金为凤冠之钗。结袖绕楹而舞，昼夜相接，谓之"常舞"。若有所召者，不呼姓名，悉听珮声，视钗色，玉声轻者居前，金色艳者居后，以为行次而进也。使数十人各含异香，使行而笑语，则口气从风而扬。又筛沉水之香如尘末，布致象床上，使所爱践之，无迹，即赐珍珠百粒；若有迹者，则节其饮食，令体轻弱。乃闺中相戏曰："尔非细骨轻躯，那得百粒真珠？"及翾风年至三十，妙年者争嫉之，或言"胡女不可为群"，竞相排毁。崇受谮润之言，即退翾风为房老，使主群少。乃怀怨怼而作五言诗，诗曰："春华谁不美？卒伤秋落时；哽咽追自泣，鄙退岂所期？桂芬徒自蠹，失爱在蛾眉；坐见芳时歇，憔悴空自嗤。"石氏房中并歌此为乐曲，至晋末乃止。(出《王子年拾遗记》)

《绿珠传》(宋)乐史

(自《说郛》卷八十三)

绿珠者，姓梁，白州博白县人也。州则南昌郡，古越地。……州境有博白山，博白江，盘龙洞，房山，双角山，大荒山。山上有池，池中有婢妾鱼。绿珠生双角山下，美而艳。越俗以珠为上宝，生女为珠娘，生男为珠儿。绿珠之字，由此而称。

晋石崇为交趾采访使，以真珠三斛致之。崇有别庐在河南金谷涧。涧中有金水，自太白原来。崇即川阜置园馆。绿珠能吹笛，又善舞《明君》……崇又制《懊恼曲》以赠绿珠。崇之美艳者千余人，择数十人，装饰一等，使忽视之，不相分别。刻玉为倒龙佩，萦金为凤凰钗，结袖绕楹而舞。欲有所召者，不呼姓名，悉听佩声，视钗色。佩声轻者居前，钗色艳者居后，以为行次而进。

赵王伦乱常，贼类孙秀使人求绿珠。崇方登凉观，临清水，妇人侍侧。使者以告，崇出侍婢数百人以示之，皆蕴兰麝而披罗縠。曰："任所择。"使者曰："君侯服御，丽矣。然受命指索绿珠。不知孰是？"崇勃然曰："吾所爱，不可得也。"秀因是谮伦族之。收兵忽至，崇谓绿珠曰："我今为尔获罪。"绿珠泣曰："愿效死于君前。"崇因止之，于是坠楼而死。崇弃东市。时人名其楼曰绿珠楼。楼在步庚里，近狄泉；狄泉在正城之东……

# 附录二 乐郊园相关文字文献

《娄东园林志·东园》(明)张采

引自《古今图书集成·考工典》。据尧云《〈娄东园林志〉版本源流与作者考证》一文所述,《娄东园林志》可以找到的最早的版本是钱肃乐修,张采纂,崇祯十五年《太仓州志》中的“园林”条目;康熙年间,《太仓州志》经整理重刻保留了这一部分,此后“园林”条目的内容被收入《古今图书集成》,并最终以《娄东园林志》而闻名于世。

东园,王文肃公别墅。出东郭数十武,入南便舍一门,度小石桥,历松径,繇平桥,启扉得廊。廊左修池宽广可二三亩;廊北折而东,面池有楼,曰“揖山”;循左屋数间;右石径后多植竹,竹势参天,有阁曰“凉心”。度竹径,南累石穴,上置屋如谯楼。且行,小折,启一扉,曲室数十楹,有阁斜望“凉心”;少弱出而东,更折而南,小山平起,上隐桂林。山尽便得一门,内为“期仙庐”,庐前颜曰“峭蒨”,凿方沼,中突二峰。不数步入“扫花庵”。再进,得小板屋,推户,平畴百十顷;看“耕稼庵”,前系艇、刺艇;上下冈陂回互周见。南泛“藻野堂”。堂哶然而大,下莳芍药满阡陌。舟及岸,憩小平桥,紫藤下垂,古木十余章,绕水如拱揖,东折石径,见梵阁藏松际。北泛遇小崖,循崖登,望木石起伏,夹路树影。衣崖穷一窦,有屋倚水,旁通廊,廊衍水中,委曲达亭上,东折,繇平石桥还揖山楼下。园中桥三、楼二、亭二、阁一、庵一、庭一、佛堂一,水前后通流,嘉木异卉无算。

按:文肃性闲适,罢相归,喜辟游观地,如城南隅有南园,多种梅,东城有东畴,多种芍药,皆据胜,以东园着不复次。

《乐郊园分业记》节选(明)王时敏

节选自《王烟客先生集·奉常公遗训》

乐郊园者,文肃公芍药圃也。地远嚣尘,境处清旷,为吾性之所适。旧有老屋数间,敝陋不堪容膝。己未之夏,稍拓花畦隙地,除棘诸芽,于以暂息尘鞅。适云间张南垣至,其巧艺直夺天工,怂恿为山甚力。吾时正少年,肠肥脑满,未遑长虑,遂不惜倾囊听之。因而穿池种树,标峰置岭,庚申经始,中间改作者再四,凡数年而后成。磴道盘纡,广池澹滟,周遮竹树,蓊郁浑若天成,而凉室邃阁位置随宜,卉木轩窗参错掩映,颇极林壑台榭之美。不惟大减资产,心力亦为殚瘁。然而鸡肋未断,马首频征。所谓婆娑偃息于其间者,二三十年中,曾未得居其半。而岁月如流,沧桑递阅,郊垧兵燹,斯园幸留园阏。虽犹仅存扃鐍,非复如故,犷夫连臂,杂种拉攞,朱栏丛曲,惟听呼鹰,碧沼清漪,只供饮马。且也隤圮日甚,芜秽年滋。视息尚延,已有台倾池平之叹。抚今追往,惨目伤心,是以经月判年,未尝一涉。且此数十亩山池,一时求售固已甚难。每岁输粮亦复不易。自惟衰迟罄悴,无力整顿,然亦何忍以瓯脱置之。用是,区画为四，分授诸儿，令其各自管领。虽实贻之以累，势处不得不然。尝闻梁仆射徐修仁之言曰：古往今来，名园甲第皆同逆旅。每怪时人，谓是我宅可为达人大观。因稽往代，如平泉之庄，奉诚之园，故家后裔能克守旧业者盖鲜。俯仰回环，可胜太息。尔曹当家门衰落之馀，世运屯塞之会，忧患猝至，保护弥难。但念先文肃手泽所存，阿翁思所寄，其亦随缘牵，率勉强支持乎。固知目前皆困穷愁，未能葺治；或稍稍补苴罅漏，撑拄欹倾，使老子残年未尽，春秋佳日，杖履逍遥；亦庶或仆射所云，求一时之暂乐，幸居常以待终也。若夫庆泽绵远，向阳花木，三径增荣，惠邀先人，馀福不浅，脱不幸。而门祚式微，风雨飘摇，一枝莫保，盛衰转毂，总由造物者主之，非人所能预计。自宜颓心委运，安所用其戚，欣所以反覆，感叹不能已于谆谆者。聊以记为园始末，传示子孙，俾知吾半生拮据，情赏攸托云尔。[1]

《自述》节选（明）王时敏

节选自《王烟客先生集·奉常公遗训》

……又，余承先世余荫，昧于治生，目不识称，手不操算，惟于泉石癖入膏肓。随所住处，必累石种树，以寄情赏。壮岁气豪，心果一往乘兴，不顾其后。东南两园，疏筑并兴。乐郊红药数亩，修堤广陂，标峰置岭，郁成名胜。然施与日繁，费用日广，又加之以土木渐至垂橐不支，况日月迁流，人事错迕。既苦于不了之婚嫁，又不堪无艺之诛求。皮于髓枯，徒存空质。不得已而弃产偿逋……东园为短后曼胡者朝夕蹂践，岩石倾欹，山径齿缺，非复旧观。余以力难兼顾，分授诸儿，使之各自管摄。儿辈皆贫窭，不能整葺，日就荒颓。余触目伤心，终岁仅一再至……[2]

《东园记》节选，（清）严虞惇

自《严太仆先生集》卷八（北京出版社《四库未收书辑刊》8辑，19册）

吴中多佳山水，而士大夫以园亭相胜。夫置园亭于山水之区，游者厌矣。娄东无山，其水分娄江之支。而四方之游者必之焉，以其有东园也。东园者何？吾师太原公之别墅也。

园之中有山焉，盘基数十亩，高与之称，层峦叠岭，奇峰峭壁，若天作而地呈之，忘其为人力也。环之以水，蓄者为沼，歧者为渚，夹者为涧，流者为渠，渟泓渺弥，极望无际，吴山之佳山水弗过也。外为崇冈，若拱若卫，东迤而北，连延其西，曰“东冈之陂”，园之胜所从始也。缭以长堤，曰“香绿步”。自陂而东，度“梅花廊”，有楼岿然，向背皆水，山当其面，朝霞夕晖，爽气相接，凭栏眺远，万象鲜霁，名之曰“揖山”，其台曰“春晓”。循水而东，历长廊，折而南度“宛转桥”，其东南为“剪鉴亭”，澄波净绿，天光云影。鉴湖在数百里外，若剪而置诸几席，空明荡漾，如行镜中。舫曰“镜上”，志景也。亭之北，下土冈，折而东，竹树蓊郁，杂英纷披，窈窕清深，若轶壒埃，庐曰“期仙之庐”，庵曰“扫花

[1]（明）王时敏．王烟客先生集·奉常公遗训·自述［M］//清代诗文集汇编-7册．上海：上海古籍出版社，2010.

[2] 同[1]

之庵”，夹于两水之间者曰“峭蒨”，皆园之灵秀奇绝处也。水中大石兀立，怪突不可状，古藤缠之，水之阴为竹，水之阳竹无穷极，杂以桂树。老屋三间，颜曰“纸窗竹屋”，其北界两水之间，曰“烟上”。迤而西，“凉心阁”也，半在水半在山，每清风徐来，明月孤映，虚澄朗澈，形神翛然，不知身之在何世也。亭之南，折而西，有阁二，曰“清听”，曰“远风”，寥寥泠泠，琮琮琤琤，可以涤尘耳，可以开烦襟。其又西曰“画就”，皆山之南麓也。自“东冈之陂”稍折而西，度石桥，循流而南，外皆松杉，夹岸垂柳万株，有桥曰“绾春”。转而东南行，有桥曰“紫藤”，丛篁荫覆，水草披拂，波光徘徊，若杂若合。桥之东南曰“藻野堂”，园之高明弘畅处也。堂广数亩，前莳芍药。又其东，曰“香霞槛”，前植牡丹，春二三月，二花盛开，隔水映溪，铺锦错绣，若相矜夸，又若美女相悦，靓妆袨服而相妒也。桥之南曰“杂花林”，稍进曰“真度庵”，清磬一声，万籁都寂。高人胜流，时相往来，坐茂树，掇落英，又园之清绝处也。

园距城之东一里而近，夹道榆柳，古松长杉；隍池绕其北，平畴豁其南；遥村远浦，东西围合；山峙水中，水周山外，楼台亭阁，宛在水中央。大约，山居园之一，水居园之九，竹石草木居园之六七。奇情旷观，逸景遐趣，昏旦变侯，四时夺目。吴中山水，兹园悉擅其胜矣。

自昔卫公平泉、晋公绿野，皆绝盛一时，然不数十年荒烟蔓草，樵夫牧监或过而弔之。东园自文肃公以来百五六十年矣，而堂构鼎新，风物无改，山若增而高，水若益而深。诗有之“瞻彼旱麓，榛楛济济”，岂弟君子干禄，岂弟夫旱麓之榛楛殖，故君子得以易乐干禄焉。若夫山林匮竭，薮泽肆既，君子将险哀之不暇，而何易乐之有？文王有声曰“丰水有芑”；武王岂不仕，诒厥孙谋，以燕翼子，数世之仁也。吾东园图验之矣。岁之首月，公持东园图示余，且曰，自为我记之。余虽未获游东园，而览其图，可以得其大概焉，遂不辞而为之记。若其草树禽鸟之美，游观登望之乐，俟公他日政成而归，从公杖履之后，一一为公赋之。

康熙甲申春王人日门下士严虞惇记[1]

嘉庆《直立太仓州志·东郊园》

自嘉庆七年王昶等纂修《直立太仓州志》卷五十一，古迹，园林。

东郊园，在东门外半里，亦名东园，王锡爵种芍药处。孙太常卿时敏拓为园林，有藻野堂、揖山楼、凉心阁、期仙庐、扫花庵、春晓台、幽绿步、梅花廊、剪鉴亭、镜上舫、峭蒨诸胜，国朝严虞惇有记。[2]

《王奉常烟客七十寿序》（清）吴伟业

……江南故多名园，其最著者曰乐郊，烟峦洞壑，风亭月榭，经营位

[1]（清）严虞惇．严太仆先生集（卷八）[M]//四库未收书辑刊8辑-19册．北京：北京出版社，1997：484.

[2]（清）王昶等．嘉庆直立太仓州志：古迹·园林·东郊园[M]//续修四库全书-698册．上海：上海古籍出版社，2002：卷51，15.

置，有若天成。[1]

《揖山楼》（清）吴伟业

名山谁逢迎，遇人若俯仰。心目无端倪，默然与之往。幽泉互相答，飞鸟入空想。杰阁生其间，樗轩争一□。嘉树为我圆，坐久惜余赏。暝霭忽而合，明月出孤掌。弹琴坐其中，万籁避清响。良夜此会难，佳处莫能奖。[2]

《王时敏、王撰》（清）张庚

自《国朝画徵录》上卷（民国）萃文书局印行都江朱氏藏版

太原王时敏字逊之号烟客，太仓人，相国文肃公锡爵孙翰林衡子也。资性颖异，淹雅博物，工诗文，善书，尤长八分而于画，有特慧。少时即为董宗伯其昌、陈征君（继儒）所深赏。于时，宗伯综揽古今，阐发幽奥，一归于正方之禅室，可备传灯一宗。真源嫡派烟客实亲得之。先是文肃公以暮年抱孙钟爱弥甚，居之别业以优裕其好古之心，故所得有深焉者。家本富于收藏，及遇名迹，不惜多金购之，如李营丘山阴泛雪图，费至二十镒。每得一秘轴，闭阁沉思，瞪目不语。遇有赏会，则绕床大叫，拊掌跳跃，不自知其酣狂也。尝择古迹之法备气至者，二十四幅，为缩本装成巨册，载在行笥，出入与俱，以时模楷。故凡布置设施，勾勒斫拂，水晕墨彰，悉有根柢于大痴墨妙，早岁即穷阃奥，晚年益臻神化。世之论一峰老人正法眼藏者必归于公。以荫，官至奉常，然淡于仕进，优游笔墨，啸咏烟霞，为国朝画苑领袖。平生爱才若渴，不俯仰世俗，以故四方工画者踵接于门，得其指授无不知名于时，海虞王翚其首也。卒年八十有九。子撰传其大痴法亦古秀。孙原祁世其业而精之推重于时。自有传。[3]

[1]（清）吴伟业．梅村集·王奉常烟客七十寿序［M］//景印文渊阁四库全书-1312册．台北：台湾商务印书馆，1982：268.

[2]（清）吴伟业．梅村集·王奉常烟客七十寿序［M］//景印文渊阁四库全书-1312册．台北：台湾商务印书馆，1982：28.

[3]（清）张庚．国朝画征录（上卷）［M］．南京：萃文书局，江都朱氏藏版．民国（具体年代不详）.

# 附录三 紫芝园相关文字文献

《诰封奉直大夫尚宝司少卿芝石公行状》（明）范允临

节选自范允临撰《输寥馆集》卷五

……公讳仲简，字可之，芝石其别号也。其先为洪都南昌西陇人，宋淳熙中，有名寿者以贤良徵典教常熟县。县有直塘里，因家为故，又为直塘徐氏。国初，隶直塘于太仓，子孙遂守其丘陇世世勿绝。十一传而至拙庵公渊，始徙家于长洲之彩云里。渊生朴，朴雄于赀富而好行其德，是为寻乐公。寻乐公生焴与耀。耀以其子贵，封通议大夫，世所称雪井公者也。焴任南康府幕，以书礼起家，有丈夫子三，长曰圭，季曰佳，其仲曰封，是为墨川翁；公之父也，配缪氏，公所自出。

墨川公豪迈俊爽，有侠士风，其家自寻乐公而下世修计然之策，赀累巨万。默川公修其业而息之，家益以裕。适岁大饥，乃大治园亭，出粟以赡。聚巧石为山，奇峰峙立，列嶂如屏，环以曲池，涟漪清泚。池阴有堂，颜曰东雅，公所宴息处也。地方十许亩，而楼横堂列，廊庑回缭，栏楯周接，木映花承，无不妍稳。位置区画，皆出名公，目匠心营。故逶迤横直，闿爽宏深，皆曲有奥思。又复延至一时名士，如文衡山父子，王雅宜兄弟，彭孔加、仇实父、汤子重辈，相与觞咏啸歌，流连竟日，盖雍容文酒矣。

时芝石公方髫而侍侧，丰颐广颡，目光莹莹。子重生平少许可数目属之，而孔加尤亟称赏，乃字子重，谓而有令女不欲昏凡儿，徐氏郎英英者，殊非凡儿，公何不以而女字坐令失此快婿乎。子重首肯，遂委禽马，是所谓汤宜人者也。

芝石公倜傥大度，不屑家人生产。自汤宜人归，即持葳蕤以授一切米盐琐屑，悉以委之，而自为豪举，结客好施，性雅好图书彝鼎，不惜重直以购，得则陈列左右，把玩摩挲。门无俗宾，长者屐交肥，谈宴移晷。虽家稍中落，而公顾恬愉自快，意豁如也。二十五而举太仆公[1]……然颇善病，百计保护之甫长，为择传严训督，招吴中才蕴之士为文社，脯修忾资不给，汤宜人不难脱簪珥佐之，乃试有司十往十返，卒不售，而芝石公不免践更奔命无宁晷，产日益落，即东雅堂几易姓矣。而太仆公时时叹愤，欲罢业……而芝石公好言慰藉之……乙酉举于乡，丙戌成进士，观政于廷尉……[2]

《太学生墨川徐翁暨配缪孺人传》（明）范允临

节选自范允临撰《输寥馆集》卷四

……翁讳封，字子慎，别号墨川；其先系出南州，孺子十三世而徙海虞，为司教寿；又十二世而徙吴郡城，是为渊；渊生朴，所谓寻乐公者也；寻乐修祖业而息之，业始日益拓；朴生焴及燿；焴为南康府幕，翁所自出也；南康公，举丈夫子三，翁其仲，生而颖敏，南康器之曰：

❶ 太仆公，指徐景文。

❷（明）范允临．输寥馆集·诰封奉直大夫尚宝司少卿芝石公行状．[M]//四库禁毁丛刊·集部-101册(卷五)．北京：北京出版社，1997：319.

是能大吾门者，其高门呼；及长，倜傥负气，虽善掭奇赢，顾轩轩霞举，不屑屑牙筹，会计间比游成均益，雍容文酒，视世氛如元规尘，视侔门若汙池也者；遂□而家食，裹足仕路……会岁大祲，行道多菜色，翁计以工得食，贫者输其力，而我授之飧，不且两利，贤于大人施乎；于是仿筑堤建塔遗意，出橐中装为园，城西备泉石之致，役兴邑藉以无殍；乃以东雅颜堂，常谓孟尝多侠客而乏文梁，园饶文士而未雅，吾所□歌于斯聚于斯者，其大雅君子乎；以故一时名胜，若文徵仲父子，王履吉兄弟，逮王子禄、汤子重辈，咸雅慕之日，登斯堂，相与啸歌，竟日或至丙夜，犹闻敲灯落子声；客有不韵者，辄拒之户外，毋溷乃公为也；平生雅好秇文，床上积书与屋齐，尊彝绘素悉钓致，以供玩弄；曰吾拥此如南面百城，作老蠹鱼游万卷中，甚快，安能效贾人富儿持筹握算为阿堵奴哉……[1]

《识小录·紫芝园》(明)徐树丕

徐树丕为徐景文之侄，在其编辑《识小录》时，将王穉登受徐景文之托所撰园记收录于《紫芝园》一文中。下文录自上海书店《丛书集成续编》89册之《识小录》卷四

余家世居阊关外之下塘，甲第连云，大抵皆徐氏有也。年来式微，十去七八，惟上塘有紫芝园独存，盖俗所云“假山徐”正得名于此园也。因兄弟构大讼，遂不能有，尽售与项煜。煜小人，其所出更微，甲申从贼，居民以义愤付之一炬，靡有孑遗。今所存者，止巨石巍然旷野中耳。园创于嘉靖丙午，至丙戌，而从伯振雅联捷，至甲申，正得九十九年，不意竟与燕京同尽。嗟乎，嗟乎，有百榖王征君记录之以存吾宗。故实云“紫芝园”者，太仆少卿徐君景文家园也。

太仆家在上津桥，负阳而面阴，右为长廊数百步以达于园。园南向，前临大池，跨以修梁，曰‘紫芝’，梁成而朱草生，故园因以名。循梁而入，有门翼然，堂曰‘永祯’，文太史手书。堂东西各有门，其中门曰‘揽秀’，余所名也。堂西有楼曰‘五云’，题亦自太史。凭阑娇首北望三台，子牟安能忘魏阙哉。再入为友恭堂，许元复先生书额“友恭”。而后深房曲室，接栋连栭，沉沉莫可窥矣。紫芝桥南叠石为峰，曰“五老”，余易名‘仙掌’，巨灵奇迹纵非蜀道移来，亦仿佛汉宫承露金铜仙人五指排空耳。左轩右楼，楼小于轩，轩名‘迎旭’，楼名‘延熏’；轩在东，楼在南也。稍西折而南，经一门，名‘入林’。梁石而渡，名‘卧虹’。堂曰‘东雅’，文太史书。栋宇坚壮，闳丽爽垲，榱题斗拱，若雁齿鱼鳞，夏屋渠渠，可容数百人。堂后小山，二古松，一蚪枝偃蹇，盖数百年物。堂西书室，余名为‘太乙斋’，火光荧荧出于杖首，主人于此修中垒之业乎。循池而右，楼名“白雪”，水槛名‘遣心’，皆出太史公。绿波粼粼，房廊倒影，何必太液影娥，乃称仙境。池右折汇于东雅之前。岩岫参差，磴道屈曲而登一亭，临池三峰环列，曰‘浮岚’。左折而上有峰如屏，下俯石洞，曰‘窥壑’。由洞右折而上，亭北向，曰‘瞻辰’。渡石，一峰秀出，拾级而下为钓台，天目奇松覆之，清风时来，枝间声谡谡如秋江八月涛，可以洗心，可以濯足，悠然有桐江一丝之想。俯而西，过石门，曲径临流，飞岩夹道，峭石巑岏，钩衣而刺目者林立。南行入一洞，峰石皆锦川，双洞若环，名

[1] (明)范允临．输寥馆集·太学生墨川徐翁暨配缪孺人传[M]//四库禁毁丛刊·集部-101册(卷四)．北京：北京出版社，1997：295.

曰‘联珠’，清旷道明，可罗胡床十数，石如天成，流丹染黛，欲上人衣。其上为台，曰‘骋望’，山之最高处也。东望城闉，千门万户；西望诸山，群龙蜿蜒，美哉山河之固，遐想吴越霸图，不能不动英雄一慨矣。峰之最高名曰‘标霞’。其他群石，或如潜虬，或如跃兕，或狮而蹲，或虎而卧，飞者、伏者、走者、跃者、怒而奔林渴而饮涧者，灵怪毕集，莫可名状，每当朝霏夕晖，烟横树暝，池光澄澄，冰轮浸魄，若深山大泽，含气出云，又如仙家楼阁，雾阕云窗，与琪花瑶草相映带，非复人间世矣，山势正与东雅相向。右过石门，名‘排云’，石径折而下，古木奇峰左右森列，过小石梁，临以碧沼，傍皆峰峦，岛屿大小凡五六。径尽有亭，名‘隔尘’。逶迤而入，修篁蔽日，暑气不到，楼在竹中，曰‘留客’，取杜少陵诗‘竹深留客’句也。竹尽处一轩，名‘浮白’。过北穿径，入水洞，广可三五寻，下寻幽涧，束腓仄趾而渡，名‘浮波’。折而上，东向一亭，三峰在侧，曰‘清响’。亭西皆竹也，石梁琴台在焉。山水清音决胜丝竹于焉，持螯于焉醉月，何惜梁州一石耶。园尽处杰阁嵯峨，曰‘玄览’。登兹四望，一园之胜悉在眉睫，无复隐形。大都紫芝桥之内宫室栋宇为政，政在靓深，桥之外峰峦洞壑亭榭池台为政，政在秀野。此则经营位置之大概也。”

“园创自太仆之祖默川翁。翁为人疏直坦衷，豪举好客，虽席先世之业，号称素封，然不屑持筹钻核，乐义好施，置田免里人之役，多蓄法书名画古鼎尊彝，与名流哲彦文酒过从，以岁方丈祲营土木，以食贫者。园初筑时，文太史为之布画，仇实父为之藻缋，一泉、一石、一榱、一题，无不秀绝精丽，雕墙绣户，文石青铺，丝金缕翠，穷极工巧。江左名园未知合置谁左默川翁。晚岁家渐旁落，台省郡邑诸公，登临燕集，祖饯交会，钟鼓干旄，至者往来出入不问主人，使泉石薜萝厚颜蒙耻，凡若干年。丙戌以后，太仆君登高华，涉清要，游者不敢阑入，而后园始复为徐氏有矣。当是时翁岿然黄发，犹及见其孙贵显，然后场，其得于天者厚哉。”

“园初未有名，余名为‘紫芝’，纪瑞也，九茎三秀，自昔表为祯祥，惟有德者当之。徐自默川翁而上，代多长者，翁又培且滋之，造物将以兹园奇丽，非凉德所能堪，故必俟其后人之贤者而后授。如太仆君之忠雅宽平，与物无竞，其勋名未可量也。昔平泉花石，赞皇不能保之，易之辋川，图咏中允乃获垂之千秋，文之不可已也如此，此太仆君所以索余记也。惜余暮年衰飒，不能陆离其辞，为兹园增胜耳。园凡若干亩，居室三之，池二之，山与林木磴道五之，峰三十六，亭四，洞三，津梁楼观台榭岛屿不可计。创于嘉靖丙午，修于万历丙申。太仆索记之意，非徒侈游观，夸钜丽，盖欲不忘祖德，使后之人世守先业，无若赞皇氏之子孙云耳。太原王穉登撰。”[1]

[1] （明）徐树丕．识小录·紫芝园［M］//丛书集成续编-89册．上海：上海书店，1994：1041-1043.

[2] 李根源．吴县志·卷三十九一五［M］．苏州：苏州文新公司，1933.

《吴县志》（民国）卷三十九下　第宅园林　五

紫芝园在阊门外上津桥，徐太学墨川园也，文侍诏、仇十洲为之图画，后归项煜，事煜甲申为火毁。[2]

# 附录四 梅花墅相关文字文献

《许秘书园记》（明）陈眉公

据《晚香堂集》明崇祯刻本影印本

士大夫志在五岳，非绊于婚嫁，则窘于胜具胜情。于是葺园城市，以代卧游。然通人排闼，酒人骂坐，喧哄呶詈，莫可谁何。门不得坚扃，主人翁不得高枕卧。欲舍而避之寂寞之滨，莫若乡居为甚。

适吾友秘书许玄祐所居，为唐人陆龟蒙角里。其地多农舍渔村，而饶于水，水又最胜。太公尝选地百亩，菟裘其前，而后则樊潴水种鱼。玄祐请甃石围之。太公笑曰，土狭则水宽，相去几何？久之，手植柳皆婀娜纵横，竹箭秀擢，茭芽蒲戟与清霜白露相采采，大有秋思。

玄祐乃始筑梅花墅，窦墅而西辇石为岛，峰峦岩岫，攒立水中。过杞菊斋，盘磴上跻映阁，君家许玉斧迈小字映也。磴腋分道。水唇露数石骨，如沉如浮，如继如断。蹑足蹇渡，深不及踝，浅可渐裳，而浣香洞门见焉，□岈岝崿，窍暗□明，水风射人，有霜雹，虬龙潜伏之气，时飘花板，冉冉从石隙流出，衣裾皆天香矣。洞穷，宛转得石梁，梁跨小池。又穿小酉洞，洞枕招爽亭，憩坐久之。径渐夷，湖光渐劈。苔石累累，啮波吞浪，曰锦淙滩。指顾隔水外。修廊曲折，宛然紫蜺素虹。渴而下饮。逶迤北行，有亭三角，曰在涧，所谓"秋敛半簾月，春傺一面花"是也。由在涧缘阶而登，浓阴密筱，葱蒨模糊，中巧嵌转翠亭。下亭，投映阁下，东达双扉，向隔水望，见修廊曲折，方自此始。余榜曰流影廊。窈窕朱阑，步步多异趣。碧落亭踞廊面西。西山烟树扑墮檐瓦几上。子蟾与元章欲结杨许碧落之游，杨为杨义，许为许迈，亭义取此。碧落亭南曲数十武，雪一龛以祀维摩居士。由维摩居士庵又四五十武，有渡月梁。梁有亭，亭可候舟。空明潋滟，縠纹轮漪，若数百斛碎珠流走，氷壶水晶盘飞濯不定。渡梁，入得闲堂，闳爽弘敞，槛外石台，广可一亩余，虚白不受纤尘，清凉不受暑气。每有四方名胜客来集此堂，歌舞递进，觞咏间作，酒香墨彩淋漓跌宕，红绡于锦瑟之傍。鼓五檛，鸡三号，主不听客出，客亦不忍拂袖归也。堂之西北，结竟观居，前楹奉天竺古先生。循观临水，浮红渡。渡北楼阁以藏秘書。更入为鹤蘽、蝶寝，游客不得迹矣。得闲堂之东流，小亭踞其侧，曰涤砚亭。亭逶迤而东则湛华阁，摩于群水之表，下瞰莲沼。沼匝长堤，而垂杨修竹茭蒲菱芡之属，至此益纷纷披辐辏。堤之东南阴森处，小缚围蕉，鸥鹭凫鹥。若作寓公于此，宁旅坐不肯去。此中桃霞莲露，缋绣绮错，而一片澄泓萧瑟之景，独此写出江南秋，故曰滴秋庵。王太史游香山，欲与二三子作妄想，若斩荻苦卢，陂隰尽田荷花，使十五小儿锦衣画舸，唱采莲词，出没于青蘋碧浪之间，可以终老。今玄祐不妄想而坐得之。且登阁四眺，远望吴门，水如练，山如黛，风帆如飞鸟，市声簇簇如蜂屯蚁聚。而主人安坐，不出里门，部署山水，朝丝暮竹，有侍儿歌吹声，左弦右诵，有诸子读书声。饮一杯，拈一诗，舞一棹。沿洄而巡之，上留云借月之章，批给月支花之券。袍笏以拜石丈，弦索以谢花神。此有子之白乐天，无谪贬之李皇，而不写生绡不立粉本之郭恕先、赵伯驹之图画也。秘书未老，园日涉，石日熙，鱼鸟日聚，花木日烂漫，篇章词翰日异，而岁不同。余且仿甪里先生，藤桥豹席，笔床茶社，扣君之园而访焉，相与唱和，如皮陆故事。玄祐能采杞花菊以饱我否？[1]

《梅花墅记》(明)钟惺

据《隐秀轩集》明天启二年沈春泽刻本影印本

出江行三吴，不复知有江，入舟舍舟，其象大抵皆园也。乌乎园？园于水。水之上下左右，高者为台，深者为室；虚者为亭，曲者为廊；横者为渡，竖者为石；动植者为花鸟，往来者为游人，无非园者。然则，人何必各有其园也？身处园中，不知其为园；园之中各有园，而后知其为园。此人情也。

予游三吴，无日不行园中，园中之园未暇遍问也。于梁溪则邹氏之惠山，于姑苏则徐氏之拙政、范氏之天平、赵氏之寒山，所谓人各有其园者也。然不尽园于水。园于水而稍异于三吴之水者，则友人许玄祐之梅花墅也。

玄祐家甫里，为唐陆龟蒙故居，行吴淞江而后达其地。三吴之水，不知有江，江之名复见于此，是以其为水稍异。

予以万历己未冬，与林茂之游此，许为记诺。诺至今，为天辛酉，予目常有一梅花墅，而其中思理往复曲折，或不尽忆。如画竹者，虽有成竹于胸中，不能枝枝节节而数之也。然予有《游梅花墅》诗，读予诗而梅花墅又在予目。

大要三吴之水，至甫里始畅。墅外数武，反不见水，水反在户以内。盖别为暗窦，引水入园。开扉坦步，过杞菊斋，盘磴跻暎阁。暎者，许玉斧小字也，取以名阁。登阁所见，不尽为水，然亭之所跨，廊之所往，桥之所踞，石所卧立，垂杨修竹之所冒荫，则皆水也。故予诗曰："闭门一寒流，举手成山水。"迹暎阁所上磴，回视峰峦岩岫，皆墅西所辇致石也。从阁上缀目新眺，见廊周于水，墙周于廊，又若有阁亭亭处墙外者。林木荇藻，竟川含绿，染人衣裾，如可承揽，然不可得即至也。但觉勾连映带，隐露断续，不可思议。故予诗曰："动止入户分，倾返有妙理。"乃降自阁，足缩如循，褰渡曾不渐裳，则浣香洞门见焉。洞穷得石梁，梁跨小池。又穿小酉洞，憩招爽亭。苔石啮波，曰

[1] (明)陈继儒. 晚香堂集·许秘书园记[M]//四库禁毁书丛刊·集部-66册. 北京：北京出版社，1997：609.

锦淙滩。指修廊中隔水外者，竹树表里之，流响交光，分风争日，往往可即，而仓促莫定其处，姑以廊标之。予诗所谓“修廊界竹树，声光变远迩”者是也。折而北，有亭三角，曰在涧，涧气上流，作秋冬想，予欲易其名曰寒吹。由此行，峭蒨中忽著亭，曰转翠。寻梁契集，映阁乃在下。见立石甚异，拜而赠之以名，曰灵举。向所见廊周于水者，方自此始，陈眉公榜曰流影廊。沿缘朱栏，得碧落亭。南折数十武为庵，奉维摩居士，廊之半也。又四五十武为漾月梁，梁有亭，可候月，风泽有沦，鱼鸟空游，冲照鉴物。渡梁，入得闲堂。堂在墅中最丽。槛外石台可坐百人，留歌娱客之地也。堂西北，结竟观居，奉佛。自暎阁至得闲堂，由幽邃得宏敞，自堂至观，由宏敞得清寂，固其所也。观临水，接浮红渡。渡北为楼以藏书，稍入为鹤𧗽，为蝶寝。君子攸宁，非幕中人或不得至矣。得闲堂之东流，有亭曰涤砚，始为门于墙如穴，以达墙外之阁，阁曰湛华。暎阁之名故当暎此，正不必以玉斧为重，向所见亭亭不可得即至者是也。墙以内所历诸胜自此而分，若不得不暂委之，别开一境。升眺清远，阁以外林竹则烟霜助洁，花实则云霞乱彩，池沼则星月含清。严晨肃月，不辍暄妍。予诗云：“从来看园居，秋冬虽为美，能不废暄萋，春夏复何似？”虽复一时游览，四时之气，以心□目想备之，欲易其名曰贞萋，然其意渟泓明瑟，得秋差多，故以滴秋庵终之，亦以秋该四序也。

钟子曰：“三吴之水皆为园，人习于城市村墟，忘其为园。”玄祐之园皆水，人习于亭阁廊榭，忘其为水。水乎，园乎？虽以告人。闲者静于观取，慧者灵于部署，达者精于承受，待其人而已。故予诗曰：“何以见君闲，一桥一亭里，闲亦有才识，位置非偶尔。”[1]

**《书许中秘梅花墅记后》（明）祁承㸁**

**节选自陈维中《吴郡甫里志》卷四和黄裳著《小楼春雨》**

要以越之构园，与吴稍异。吾乡所饶者，万壑千岩，妙在收之于眉睫；吴中所饶者，清泉怪石，妙在引之于庭除。故吾乡之构园，如芥子之纳须弥，以客受为奇；而吴中之构园，如壶公之幻日月，以变化为胜。[2]

**梅花墅诗**

**据陈维中《吴郡甫里志》卷四**

梅花墅诸咏次朱亢介宗伯韵　林云凤　若抚

绕墅花开日，堪当万玉观。昔人曾有句，清极不知寒。梅花墅

南园分秋色，东篱带雨声。天随一赋后，□此合为羹。杞菊斋

颍上君家祖，林棲并叶飘。君生玉斧后，风月想高标。暎阁

桃洞花无数，斜枝映粉垣。渔郎如误入，即是武陵源。浣香洞

此洞谁云小，鲜露璨锦裾。就中藏万卷，不数邺侯书。小酉洞

亭子当西爽，秋来凉可招。看山惟拄笏，吾意欲凌霄。招爽亭

潺潺锦淙水，不竭似情洄。若遇任公子，堪投百尺竿。锦淙滩

[1] （明）钟惺．梅花墅记，隐秀轩集（明天启二年沈春泽刻本）[M] //四库禁毁书丛刊·集部-48册．北京：北京出版社，1997：358.

[2] 黄裳．梅花墅 [M] //小楼春雨．苏州：古吴轩出版社，1999：186.

涧水清无底，游鱼长若饥。还怜考槃者，尽日掩□扉。在涧亭

深院曲藏山，山腰翠可攀。松阴绕一转，微露月湾湾。转翠亭

方丈维摩室，于马可试心。蒲团如得力，铁杵也成针。维摩庵

虹梁何天矫，月影漾中流。夜静谁来往，闲操一叶舟。漾月廊

潇洒尘劳外，门庭似水清。有怀移雪棹，无事入春城。得闲堂

觉路原非远，禅心直指西。吾观如是竟，刮目不须錍。竟观居

泪口多芳树，花飞胜有春。浮来皆绮縠，谁谓主人贫。浮红渡

漫作桑轩想，犹闻唳入云。毿毵不能舞，毛羽自纷纷。鹤藥

曾师梦蝶叟，兼得蛰龙方。一枕松窗下，浑忘夫与凉。蝶寝

砚以莲房洗，溪堂即浣花。文鱼吞墨去，故作一行斜。涤砚亭

清华常湛若，水木不凋零。恐有登临客，双扉且莫扃。湛华阁

芙蓉新出水，鼻观自生香。虽有天然艳，何如节拒霜。莲沼

不是风流主，谁为翰墨场，此中秋欲滴，只合署鲈乡。滴秋庵

梅花墅歌赠许玄祐　钱允治

君园名署梅花墅，种梅已自成十树。我来不及见花开，一涉梅园自成趣。曲廊婉转通画桥，高楼巀嶪凌青霄。广池溁溁渺无极，扁舟漾漾如天遥。安仁桃花彭泽柳，天随甘菊庾公韭。松上将无巢一僧，桥中亦自容两叟。梅花开处疑白云，浮罗仙子淡黄裙。开花雅□林逋僻，结子能医魏武军。别有闲堂如六鹤，木天莽莽寄寥廓。窗前惟余野马飞，梁上或闻燕泥落。清歌一曲酒千觞，妙舞千迴醉万场。斗杓北指月西堕，犹自留人不下堂。主人好客更殊妙，六子森森尽文豹。引商刻羽掷金声，日与调人艺相较。分题寄胜日无何，烂漫盈篇卷帙多。延之剩有五君咏，太白聊为六逸歌。弇山澹园昔游览，一时海内嗟游晚。君园鼎足并为三，更喜相携足稽沆。君家玄度雅能弹，君家玉斧又成仙。试问维摩老居士，众香国在梅花园?

三宿梅花墅　天启辛酉冬日　钱允治

不渡吴淞十二年，偶来三宿亦欣然。寒蟾色借清霜白，夜柝声将落木传。醉梦五更忘蝶化，交情三世见蝉联。主人情重虽难别，不奈归心逐夜船。

秋日过访玄祐题梅花墅　陈继儒　眉公

屋后开园百亩余，登临不用上巾车。青山解绶修僮约，红袖焚香捧道书。省竹客驯唧字鹤，采莲舟引听歌渔。何时唱和同皮陆，花径长春共扫除。

题玄祐先生梅花墅追和眉公先生韵　候峒会　豫瞻

闭门山水卧游馀，博古才同第四车。浮白奏来天上曲（先生有家乐，善度新声），杀青搜尽世间书

（先生雅好刻书，行世甚多）。迴廊浸月疑行树，别渚藏春□放鱼（墅中有放生大池）。闻说黄杨垂阴远（先生家有黄杨一株，高可数丈，为万历初难兄源泉公手植），爱花有种习难除。

题玄翁老伯梅花墅追和眉公先生韵 陈子龙 卧子

醉翁行乐及三馀，问字江干满客车。洞口鹿树花片雨，松阴月映粉痕书。石藏春草池边鸭，溪种秋风蓴畔鱼。邃地栽梅令古一（宋馬先觉有小墅在甫里东隅，种梅花以娱老），远人有癖肯云除。

题玄翁老伯梅花墅追次陈眉公先生原韵 徐汧 勿斋

唐突烟霞三径馀，笙歌鼎沸酒杯车。券支风月修花史（先生诗集有百花杂咏），图列云泉校草书（先生有石刻草书要领行世已久）。檀板放声惊宿鸟，柳枝横影唊游魚。藏来竺典添香诵（墅中故藏释氏藏经全部），出世因多乐未除。

癸亥上元前四日，许中翰张灯梅花墅，岩阿竹树，庭榭廊庑，悬坠皆满；檄两部奏剧，尽宴夜游，极声伎灯火之盛；予适归里中，得与斯会，腊月先闯剧场，并及之蒋铉。

春入江乡小有天，黛生岩岫锦生川。偶来□（眷）竹逢高会，忽复当歌忆旧年。万炬列城光不夜，百妍受月境疑仙。停觞笳鼓□（迴）遭急，应是催诗客欲眠。[1]

冬日同钟伯敬、庄平叔、林茂之、陆懋孚、陈梅隐、陆寿卿集许玄祐梅花墅分韵 万历已未 马起城

名园杰构水云乡，鲜彦相过聚一堂。竹里诗声谁觅句，林间酒气孰飞觞。登临高阁迎冬旭，徒倚长廊弄夕阳。月色波光尤胜绝，更披烟雾泛沧浪。

冬夜同钟伯敬诸君子集许玄祐梅花墅泛舟 庄严 平叔

岁宴江天聚客星，迴塘夜泛偶忘形。枫翻薄吹浮杯紫，月带微霜照树青。林壑应声箫管脆，鱼龙惊起浪花腥。怜余亦有孤琴调，欲借钟期醉耳听。一方寒碧影差差，楚客吴侬共泛时。刚度石梁矜窈窕，更穷烱岛畅幽奇。青樽雅尚杯中圣，白云争飞画里诗。况有笙歌相应发，肯教铁月坠霜枝……

## 《海藏庵碑记并铭》（清）尤侗

自彭方周《吴郡甫里志》卷二十一

甫里之有海藏庵，自高阳许氏昉也。先是中书君元祐筑室于兹，以隙地为梅花墅，供维摩诘其中。迨孟宏孝廉舍宅为寺，犹短薄之虎邱别墅也。厥后子弟群起，如孝酌、祈年、香谷、竹隐辈并著文名，兼参佛法，香火至今不绝，则高阳许氏草创之功也。若其开山肇愿云和尚卓锡三年旋归卢。岳云隐具公亦尝说戒过焉。灵岩继公、元墓剖公递代主之。康熙已未乃请拈花佛日和尚，大启宗门，倡举莲社，仿佛东林之风。戊辰元旦，不戒于火，正殿熸焉。师一手拮据塈茨而丹雘之，大雄巍然，十笏秩然，旁及僧寮，香积、仓房、浴室之类焕然一新，是佛公之再有造于斯庵也。老人西逝，高座讷园，接席未几，而继之者未能振起，日就废荒，有阒

[1]（清）陈维中．吴郡甫里志［M］//中国地方志集成·乡镇志专辑5.南京：江苏古籍出版社，1992.

其之叹。于是，里人重请亦可大师总持常住。盖亲受佛公衣钵而润饰之，庵之中兴日可俟已。庵虽偏僻，其在甫里隐若丛林。自堂徂基方员数百丈，有田一顷，蔬圃间之，复辟放生池，儵鱼瀺灂得濠濮间意。四围精舍数椽，如得闲堂，樗斋等，为先贤陈、董诸公燕游之地，题名在焉。善来比邱跏趺于此，一瓶一钵半诗半偈，皆足乐也。无论三峰三老，喜有传灯即起，佛公于今日岂不相视而笑，可了拈花公案乎。乡者师去穹窿小隐，夕阳村有云卧庵山，山阁不过把茆盖头，吃黄菜叶过日，今虽开堂接众，而上辈家风萧然如故，西来大意予又何以测之哉？高阳兄弟为予旧友，而可师亦方外交，其于主宾似有缘焉，故援笔记之，附以小铭：

经曰藏海，寺曰海藏。是一是二，只有圆相。一池荷叶，满地松花。着衣吃饭，客至烹茶。如来说法，天花如雨。若问维摩，默然无语。

康熙壬午中秋既望[1]

《吴县志》（民国）卷三十九下　第宅园林　六

梅花墅在甫里，许中书自昌所构，钟惺、陈继儒皆有记，后归汪氏，有二耕草堂，汪缙为之记，其旁为海藏庵。[2]

[1] （清）彭方周．吴郡甫里志［M］//中国地方志集成·乡镇志专辑6．南京：江苏古籍出版社，1992.

[2] 李根源．吴县志．卷三十九一六［M］．苏州：苏州文新公司，1933.

# 参考文献


［1］（明）计成．园冶注释［M］．陈植注释．北京：中国建筑工业出版社，1988.

［2］（明末清初）吴伟业．梅村家藏稿［M］．涵芬楼，具体年代不详（1911–1949）.

［3］（明）王世贞．王氏画苑［M］．北京大学图书馆藏明刻本，万历庚寅岁夏五月王氏淮南书院重刊，1590.

［4］（北宋）郭若虚．图画见闻志［M］．黄苗子点校．北京：人民美术出版社，2016.

［5］（宋）郭熙，鲁博林．林泉高致［M］．南京：江苏文艺出版社，2015.

［6］丘光明．中国科学技术史·度量衡卷［M］．北京：科学出版社，2001.

［7］（汉）戴德．大戴礼记［M］（北周）卢辩注．//景印文渊阁四库全书–128册．台北：台湾商务印书馆，1982.

［8］唐兰．唐兰先生金文论集［M］．北京：紫禁城出版社，1995.

［9］（明）朱载堉．乐律全书［M］//景印文渊阁四库全书–213册．台北：台湾商务印书馆，1982.

［10］（吴）韦昭注．国语［M］//景印文渊阁四库全书–406册．台北：台湾商务印书馆，1982.

［11］（后晋）刘昫．旧唐书［M］//景印文渊阁四库全书–269册．台北：台湾商务印书馆，1982.

［12］（唐）房玄龄等．晋书［M］//景印文渊阁四库全书–255册．台北：台湾商务印书馆，1982.

［13］（汉）桓宽．盐铁论［M］//景印文渊阁四库全书–695册．台北：台湾商务印书馆，1982.

［14］（清）托克托．金史［M］//景印文渊阁四库全书–290册．台北：台湾商务印书馆，1982.

［15］王数，东野光亮．地质与地貌学［M］．北京：中国农业出版社，2013.

［16］（北魏）郦道元．水经注［M］//摛藻堂四库全书荟要–180册．上海：世界书局印行，1885.

［17］（南朝）顾野王．舆地志辑注［M］．顾恒一等辑注．上海：上海古籍出版社，2011.

［18］（宋）乐史．太平寰宇记［M］//景印文渊阁四库全书–469册，台北：台湾商务印书馆，1982.

［19］（明）陈耀文．天中记［M］//景印文渊阁四库全书–965册．台北：台湾商务印书馆，1982.

［20］（南朝宋）范晔．后汉书［M］//景印文渊阁四库全书–252册．台北：台湾商务印书馆，1982.

［21］（清）严可均．全上古三代秦汉三国六朝文［M］//续修四库全书–1605册．上海：上海古籍出版社，2009.

[22]（汉）刘歆．西京杂记［M］．（东晋）葛洪辑抄．//景印文渊阁四库全书-1035册．台北：台湾商务印书馆，1982.
[23]（南朝）顾野王．舆地志辑注［M］．顾恒一等辑注．上海：上海古籍出版社，2011.
[24]（唐）李善注．文选［M］//景印文渊阁四库全书-1329册．台北：台湾商务印书馆，1982.
[25]（宋）叶庭珪．海录碎事［M］//景印文渊阁四库全书-921册．台北：台湾商务印书馆，1982.
[26]（明）陈耀文．天中记［M］//景印文渊阁四库全书-965册．台北：台湾商务印书馆，1982.
[27]（汉）佚名．周礼［M］．徐正英等译注．北京：中华书局，2014.
[28]（南朝宋）刘义庆．世说新语［M］．（梁）刘孝标注．//景印文渊阁四库全书1035册．台北：台湾商务印书馆，1982.
[29]（梁）萧绎．金楼子［M］//文渊阁四库全书-848册．上海：上海古籍出版社，2014.
[30]（东汉末—曹魏）佚名．三辅黄图校注［M］．何清谷校注．西安：三秦出版社，1998.
[31] 童寯．江南园林志［M］．北京：中国建筑工业出版社，2014.
[32] 孟津县史志编纂委员会．孟津县志［M］．郑州：河南人民出版社，1991.
[33]（清）孟常裕、徐元璨．孟津县志［M］．清康熙四十七年版（影印本），1708.
[34]（清）魏襄、陆继辂．洛阳县志［M］．嘉庆十八年版（影印本），1813.
[35]（汉）司马迁．史记［M］//景印文渊阁四库全书-243册．台北：台湾商务印书馆，1982.
[36] 张孜江,高文．中国汉阙全集［M］．北京：中国建筑工业出版社，2017.
[37]（宋）马端临．文献通考［M］//景印文渊阁四库全书-611册．台北：台湾商务印书馆，1982.
[38]（南朝梁）萧统，（曹魏）嵇康．昭明文选［M］．北京：中华书局，1977.
[39]（清）张庚．国朝画征录［M］．萃文书局，江都朱氏藏版，民国.
[40]（清）王宝仁，北京图书馆．奉常公年谱［M］//北京图书馆藏珍本年谱丛刊-66册，北京：北京图书馆出版社，1998.
[41]（清）张廷玉．明史［M］//景印文渊阁四库全书-300册．台北：台湾商务印书馆，1982.
[42]（清）吴伟业．梅村集［M］//景印文渊阁四库全书-1312册．台北：台湾商务印书馆，1982.
[43] 孙机．汉代物质文化资料图说［M］．上海：上海古籍出版社，2008.
[44]（明末清初）陆世仪．桴亭先生文集［M］//续修四库全书-1398册．上海：上海古籍出版社，2002.
[45]（明）王时敏．王烟客先生集［M］//清代诗文集汇编-7．上海：上海古籍出版社，2010.
[46]（清）严虞惇．严太仆先生集［M］//四库未收书辑刊8辑-19册．北京：北京出版社，1997.
[47]（清）王昶等．嘉庆直立太仓州志［M］//续修四库全书．上海：上海古籍出版社，2002.

［48］（明）周士佐，张寅．嘉靖太仓州志［M］//天一阁藏明代方志选刊续编．上海：上海书店，1990.
［49］（明）张采．娄东园林志［M］//北京：中华书局，1934.
［50］（明）徐树丕．识小录［M］//丛书集成续编-89册．上海：上海书店，1994.
［51］（明）范允临．输寥馆集［M］//四库禁毁丛刊·集部-101册-卷五．北京：北京出版社，1997.
［52］（明）陈继儒．晚香堂集（明崇祯刻本）［M］//四库毁禁书丛刊·集部-66册，北京：北京出版社，1997.
［53］（明）钟惺．隐秀轩集（明天启二年沈春泽刻本）［M］//四库毁禁书丛刊·集部-48册，北京：北京出版社，1997.
［54］（明）董其昌．容台集（崇祯三年董庭刻本）［M］//四库毁禁书丛刊·集部-32册，北京：北京出版社，1997.
［55］（清）陈维中．吴郡甫里志［M］//中国地方志集成·乡镇志专辑5-卷五，南京：江苏古籍出版社，1992.
［56］黄裳．小楼春雨［M］．苏州：古吴轩出版社，1999.
［57］李根源．吴县志［M］．苏州文新公司，1933.
［58］（清）彭方周．甫里志［M］//中国地方志集成·乡镇志专辑6-卷二十一．南京：江苏古籍出版社，1992.
［59］（明）祁彪佳．蒲阳尺牍［M］．南京图书馆藏明代钞本胶片．
［60］（明）许自昌．樗斋漫录［M］//续修四库全书-1133册．上海：上海古籍出版社，2002.
［61］（明）胡应麟．少室山房笔丛［M］．文渊阁四库全书·子部-杂家类-第八八六册．上海：上海古籍出版社，1987.
［62］（民国）沈定钧．甫里掌故谈．
［63］韦雨涓．中国古典园林文献研究［D］．济南：山东大学，2014.
［64］李根柱．金谷园遗址新考［J］．洛阳理工学院学报，2011.
［65］张本昀,陈常优,王家耀．洛阳盆地平原区全新世地貌环境演变［J］．信阳师范学院学报（自然科学版），2007：20.
［66］冯源．从金谷园雅集看西晋士林的精神构建［J］．河南社会科学，2018.
［67］周国林．魏晋南北朝时期粮食亩产的估计［J］．中国农业，1991.
［68］刘复．新嘉量之校量及推算［D］．台北：辅仁大学，1928.
［69］代辉．郊园十二景图中的园林世界［D］．杭州：中国美术学院，2016.
［70］童明．建筑学视角下的江南园林构成：一种反图解的立场［J］．时代建筑，2018.

**图书在版编目（CIP）数据**

故园画境：基于文本分析和画意建构的传统园林空间复原 / 潜洋著. —北京：中国建筑工业出版社，2022.3

ISBN 978-7-112-27213-6

Ⅰ. ①故… Ⅱ. ①潜… Ⅲ. ①园林艺术—绘画—作品集—中国—现代 Ⅳ. ①TU986.1

中国版本图书馆CIP数据核字（2022）第041991号

本书选择历史记载中负有盛名但今已无存的私家园林，通过对相关历史文献的文本分析管窥其面貌，并借助作者的传统水墨山水画功底，以“画境”作为切入点，通过对已消失的洛阳金谷园、吴郡甫里梅花墅、苏州乐郊园、苏州紫芝园等四处园林文献资料的详细整理，以不同的层面对其进行全貌复原，并通过绘画的方式和意境建构对其进行空间复原，力图还原文人精神世界中的理想园林图景，并以此接近中国古代文人日常生活和精神生活的真实状态。

本书适用于建筑学、园林景观、考古学等相关专业从业者及在校师生参考阅读。

本书获教育部人文社会科学研究项目（20YJAZH101）、北京市教育委员会科技计划一般项目（KM201810009015）、北方工业大学“市教委基本科研业务费项目”、北方工业大学“长城学者后备人才培养计划”项目、北方工业大学“毓优团队培养计划”项目、北方工业大学教育教学改革项目支持。

责任编辑：张　华　唐　旭
版式设计：锋尚设计
责任校对：王　烨

**故园画境**
基于文本分析和画意建构的传统园林空间复原
潜洋　著

*

中国建筑工业出版社出版、发行（北京海淀三里河路9号）
各地新华书店、建筑书店经销
北京锋尚制版有限公司制版
北京中科印刷有限公司印刷

*

开本：787毫米×1092毫米　1/16　印张：9¾　插页：13　字数：240千字
2022年3月第一版　2022年3月第一次印刷
定价：**88.00**元
ISBN 978-7-112-27213-6
（37886）